# Eureka Math

## Niveau 5
## Modules 3 et 4

Great Minds PBC is the creator of Eureka Math®,
Wit & Wisdom®, Alexandria Plan™, and PhD Science™.

Published by Great Minds PBC. greatminds.org



ISBN 978-1-64929-097-7

1  2  3  4  5  6  7  8  9  10  XXX  25  24  23  22  21  20

Printed in the USA

# Apprendre • Pratiquer • Réussir

Le matériel pédagogique d'*Eureka Math*® pour *A Story of Units*® (K-5) est proposé dans le trio Apprendre, Pratiquer, Réussir. Cette série prend en charge la différenciation et la remédiation tout en gardant les documents pour les élèves organisés et accessibles. Les éducateurs constateront que la série Apprendre, Pratiquer, et Réussir propose également des ressources cohérentes—et donc plus efficaces—pour la réponse à l'intervention (RAI), la pratique supplémentaire et l'apprentissage pendant l'été.

## Apprendre

Apprendre d'*Eureka Math* sert de compagnon de classe aux élèves, où ils montrent leurs réflexions, partagent ce qu'ils savent, et voient leurs connaissances s'enrichir chaque jour. Apprendre rassemble le travail quotidien en classe—Problèmes d'application, Tickets de sortie, Séries de problèmes, Modèles—dans un volume organisé et facilement navigable.

## Pratiquer

*Chaque leçon Eureka Math commence par une série d'activités de perfectionnement énergiques et joyeuses, y compris celles se trouvant dans Pratiquer d'Eureka Math.* Les élèves qui maîtrisent déjà leurs savoirs en mathématiques peuvent acquérir une plus grande maîtrise pratique, encore plus approfondie. *Avec Pratiquer, les élèves acquièrent des compétences dans les savoirs nouvellement acquis et renforcent leurs apprentissages antérieurs en vue de la leçon suivante.*

*Ensemble, Apprendre et Pratiquer fournissent tout le matériel imprimé que les élèves utiliseront pour leur enseignement fondamental des mathématiques.*

## Réussir

Réussir d'*Eureka Math* permet aux élèves de travailler individuellement vers leur maîtrise. Ces séries additionnelles de problèmes font correspondre chaque leçon à l'enseignement en classe, ce qui les rend idéaux comme devoirs ou entraînements supplémentaires. Chaque série de problèmes est accompagnée d'une Aide aux devoirs, un ensemble d'exemples concrets qui illustrent comment résoudre des problèmes similaires.

*Les enseignants et les tuteurs peuvent utiliser les livres Réussir des niveaux précédents comme outils cohérents avec le programme pour combler des lacunes dans les connaissances fondamentales.* Les élèves s'épanouiront et avanceront plus rapidement parce que les modèles familiers facilitent les connexions au contenu de leur niveau scolaire actuel.

# Élèves, familles, et éducateurs :

*Merci de faire partie de la communauté Eureka Math®, qui célèbre la passion, l'émerveillement et le plaisir des mathématiques.*

*Dans la salle de classe Eureka Math, un nouveau type d'apprentissage est activé par la richesse des expériences et des dialogues. Le livre Apprendre met entre les mains de chaque élève les instructions et séquences de problèmes dont ils ont besoin pour exprimer et consolider leur apprentissage en classe.*

## Que contient le livre Apprendre ?

Problèmes d'application : La résolution de problèmes dans un contexte réel fait partie du quotidien d'*Eureka Math*. Les élèves renforcent leur confiance et leur persévérance lorsqu'ils appliquent leurs connaissances dans d'autres situations, nouvelles et variées. Le programme encourage les élèves à utiliser le processus LDE—Lire le problème, Dessiner pour donner un sens au problème, et Écrire une équation et une solution. Les enseignants facilitent le partage des travaux entre les élèves qui se présentent mutuellement leurs stratégies de solution.

Séries de problèmes : Une série de problèmes soigneusement séquencée offre une opportunité en classe pour un travail indépendant, avec plusieurs points d'entrée pour la différenciation. Les enseignants peuvent utiliser le processus de Préparation et de Personnalisation pour sélectionner les problèmes « À faire » pour chaque élève. Certains élèves effectuerons plus de problèmes que d'autres ; l'important est que tous les élèves disposent d'une période de 10 minutes pour exercer immédiatement ce qu'ils ont appris, avec un léger encadrement de leur professeur.

Les élèves amènent avec eux la Série de problèmes jusqu'au point culminant de chaque leçon : le Compte rendu de l'élève. Ici, les élèves réfléchissent avec leurs pairs et leur enseignant, articulant et consolidant ce qu'ils se sont demandé, ce qu'ils ont remarqué et ce qui a été appris ce jour-là.

Tickets de sortie : Les élèves montrent à leur enseignant ce qu'ils savent grâce à leur travail sur le Ticket de sortie quotidien. Cette vérification de la compréhension fournit à l'enseignant des preuves précieuses en temps réel de l'efficacité de l'enseignement de ce jour-là, offrant un aperçu indispensable de la prochaine étape à suivre.

Modèles : Occasionnellement, le Problème d'application, la Série de problèmes, ou toute autre activité de classe nécessite que les élèves aient leur propre copie d'une image, d'un modèle réutilisable, ou d'un ensemble de données. Chacun de ces modèles est fourni avec la première leçon qui les exige.

## Où puis-je en savoir plus sur les ressources Eureka Math ?

L'équipe de Great Minds® s'engage à aider les élèves, les familles, et les éducateurs avec une bibliothèque de ressources en constante expansion, disponible sur le site eureka-math.org. *Le site Web propose également des histoires de réussite inspirantes survenues dans la communauté Eureka Math. Partagez vos idées et vos réalisations avec d'autres utilisateurs en devenant un Champion d'Eureka Math.*

Meilleurs vœux pour une année remplie de découvertes !

Jill Diniz

Jill Diniz
Directeur des mathématiques
Great Minds

# Le processus Lecture–Dessin–Ecriture

*Le programme Eureka Math aide les élèves à résoudre leurs problèmes en utilisant un processus simple et reproductible, présenté par l'enseignant.* Le processus Lire–Dessiner–Écrire(LDE) incite les élèves à

1. Lire le problème.

2. Dessiner et étiqueter.

3. Écrire une équation.

4. Écrire une phrase (énoncé).

Les éducateurs sont encouragés à consolider le processus en interposant des questions telles que

- Que vois-tu ?

- Peux-tu dessiner quelque chose ?

- Quelles conclusions peux-tu tirer de ton dessin ?

Plus les élèves utilisent cette approche systématique et ouverte pour raisonner sur leurs problèmes, plus ils intérioriseront le processus de pensée et l'appliqueront instinctivement au cours des années qui suivent.

# Table des matières

## Module 3 : Addition et soustraction de fractions

### Sujet A : Fractions équivalentes



### Sujet B : Création d'images similaires



### Sujet C : Créer des unités identiques numériquement



### Sujet D : Autres applications

# Module 4 : Multiplication et division des fractions et décimales Fractions

## Sujet G : Division des fractions et des fractions décimales



## Sujet H : Interprétation des expressions numériques

# 5e année

# Module 3

15 kilogrammes de riz sont répartis également dans 4 récipients. Combien de kilogrammes de riz y a-t-il dans chaque récipient ? Exprime ta réponse sous forme décimale et sous forme de fraction.

_______________________________________________

_______________________________________________

_______________________________________________

_______________________________________________

**Lire**   **Dessiner**   **Écrire**

Leçon 1 :   Faire des fractions équivalentes avec la ligne numérique, le modèle de la superficie et les nombres.

Nom ___________________________________________     Date _______________

1. Utilise la bande de papier pliée pour marquer les points 0 et 1 au-dessus de la ligne numérique et $\frac{0}{2}$, $\frac{1}{2}$, et $\frac{2}{2}$ au-dessous d'elle.

Trace une ligne verticale au milieu de chaque rectangle, créant ainsi deux parties. Grise la moitié gauche de chacun. Partitionne avec des lignes horizontales pour afficher les fractions équivalentes $\frac{2}{4}$, $\frac{3}{6}$, $\frac{4}{8}$, et $\frac{5}{10}$. Utilise les multiplications pour montrer le changement dans les unités.

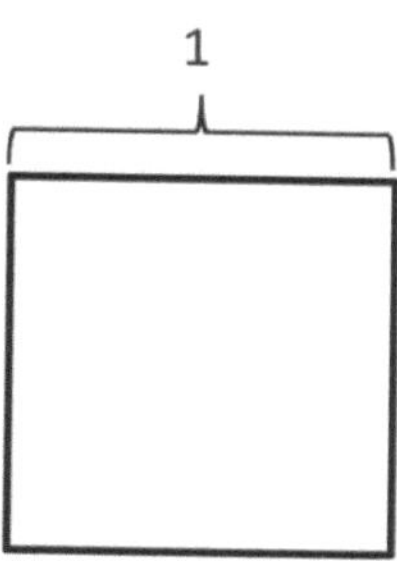 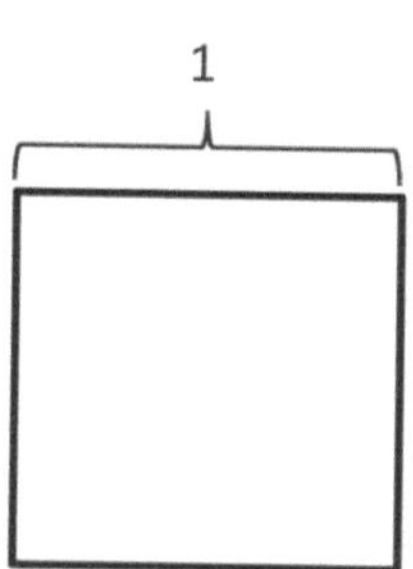 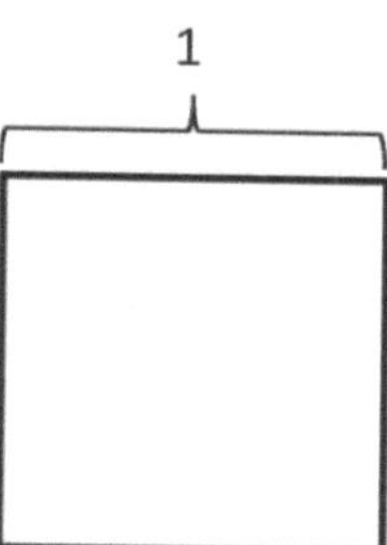 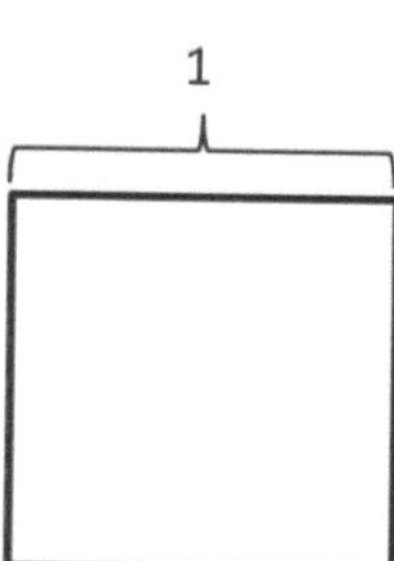

$$\frac{1}{2} = \frac{1 \times 2}{2 \times 2} = \frac{2}{4}$$

2. Utilise la bande de papier pliée pour marquer les points 0 et 1 au-dessus de la ligne numérique et $\frac{0}{3}$, $\frac{1}{3}$, $\frac{2}{3}$, et $\frac{3}{3}$ au-dessous d'elle. Suis le même schéma que le problème 1, mais avec des tiers.

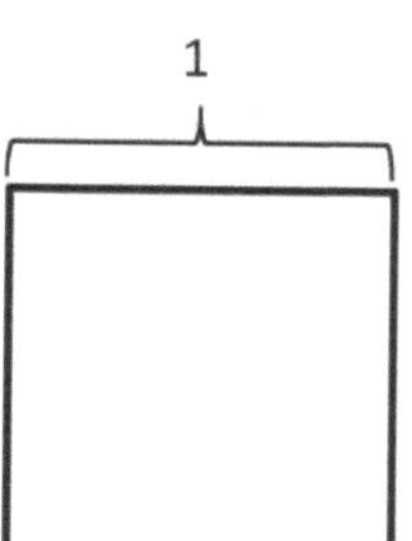 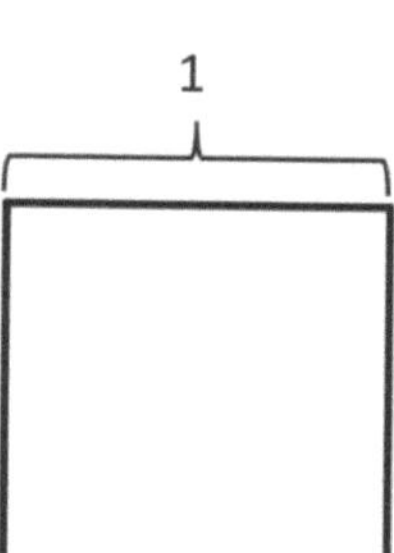 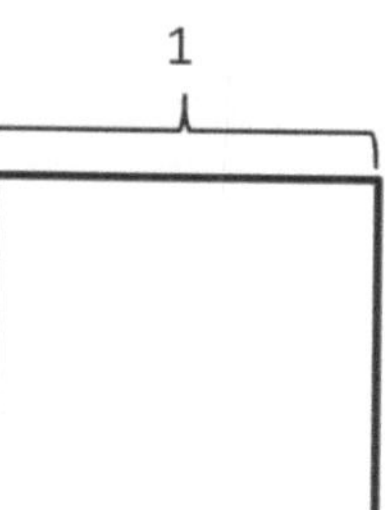 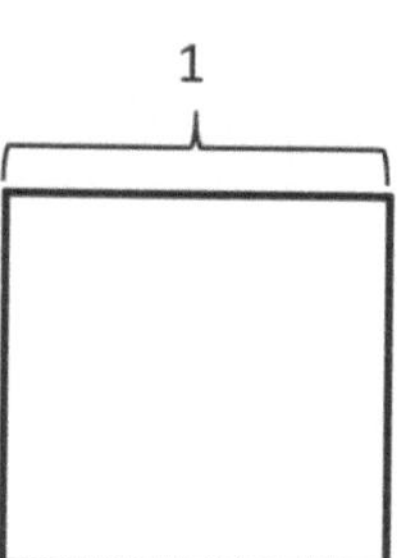

3.  Continue le schéma avec 3 quarts.

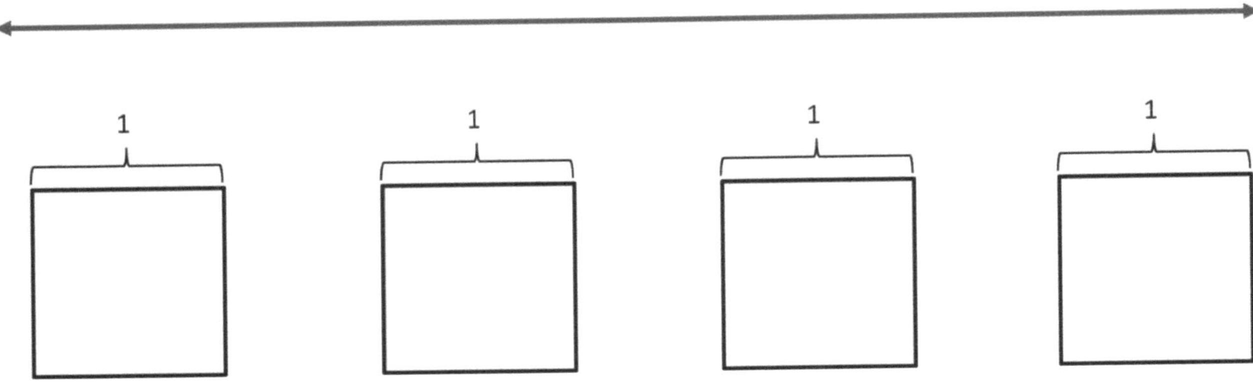

4.  Continue le processus et modélise 2 fractions équivalentes pour 6 cinquièmes.

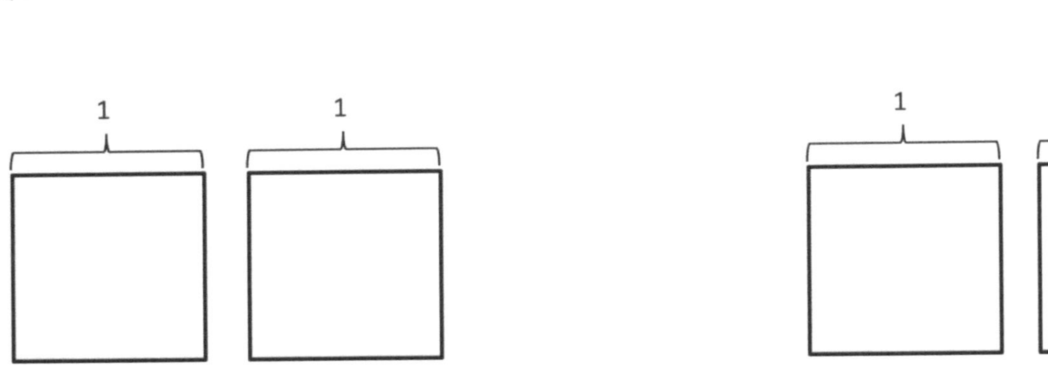



**Leçon 1 :**    Faire des fractions équivalentes avec la ligne numérique, le modèle de la superficie et les nombres.



EUREKA MATH

Nom _______________________________     Date _______________

Estime pour marquer les points 0 et 1 au-dessus de la ligne numérique, et $\frac{0}{6}$, $\frac{1}{6}$, $\frac{2}{6}$, $\frac{3}{6}$, $\frac{4}{6}$, $\frac{5}{6}$, et $\frac{6}{6}$ au-dessous d'elle. Utilise les carrés ci-dessous pour représenter des fractions équivalentes à 1 sixième en utilisant à la fois des matrices et des équations.

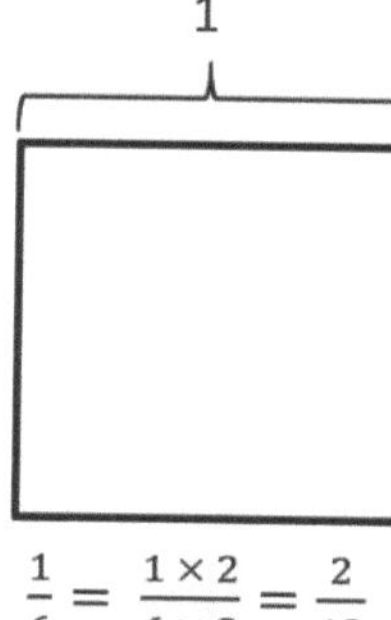
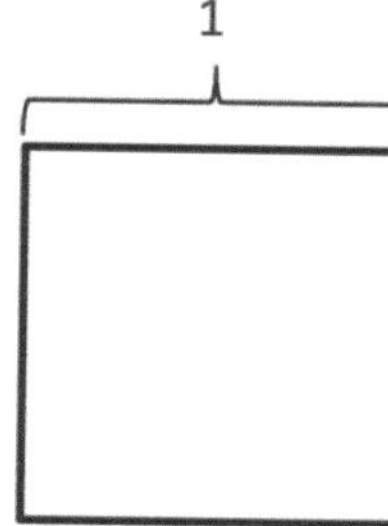
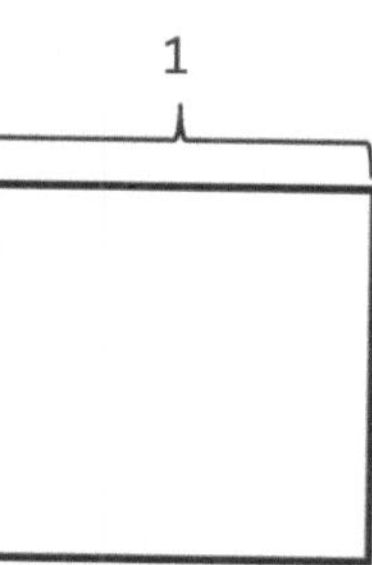

$$\frac{1}{6} = \frac{1 \times 2}{6 \times 2} = \frac{2}{12}$$

M. Hopkins a un câble de 1 mètre qu'il utilise pour fabriquer des horloges. Chaque quatrième mètre est délimité et divisé en 5 petites longueurs égales. Si M. Hopkins plie le câble au $\frac{3}{4}$ mètre, quelle fraction des petites marques est-ce ?

**Lire**        **Dessiner**        **Écrire**

Leçon 2 : Faire des fractions équivalentes avec les sommes de fractions ayant des dénominateurs semblables.

Nom _________________________________    Date _______________

1. Montre chaque expression sur une ligne numérique. Résoudre.

   a.  $\frac{2}{5} + \frac{1}{5}$

   b.  $\frac{1}{3} + \frac{1}{3} + \frac{1}{3}$

   c.  $\frac{3}{10} + \frac{3}{10} + \frac{3}{10}$

   d.  $2 \times \frac{3}{4} + \frac{1}{4}$

2. Exprime chaque fraction comme la somme de deux ou trois parties fractionnaires égales. Réécris chacune comme une équation de multiplication. Montre la partie (a) sur une ligne numérique.

   a.  $\frac{6}{7}$

   b.  $\frac{9}{2}$

   c.  $\frac{12}{10}$

   d.  $\frac{27}{5}$

3. Exprime chacun des éléments suivants comme la somme d'un nombre entier et d'une fraction. Montre les parties (c) et (d) sur les lignes numériques.

a. $\frac{9}{7}$

b. $\frac{9}{2}$

c. $\frac{22}{7}$

d. $\frac{24}{9}$

4. Marisela a coupé quatre longueurs équivalentes de ruban. Chacune mesurait 5 huitièmes de yard. Combien de yards de ruban a-t-elle coupé ? Exprime ta réponse comme la somme d'un nombre entier et des unités fractionnaires restantes. Trace une ligne numérique pour représenter le problème.



**Leçon 2 :**    Faire des fractions équivalentes avec les sommes de fractions ayant des dénominateurs semblables.



**EUREKA MATH**

Nom _______________________________________     Date _______________________

1. Montre chaque expression sur une ligne numérique. Résoudre.

   a.  $\frac{5}{5} + \frac{2}{5}$

   b.  $\frac{6}{3} + \frac{2}{3}$

2. Exprime chaque fraction comme la somme de deux ou trois parties fractionnaires égales. Réécris chacune comme une équation de multiplication. Montre la partie (b) sur une ligne numérique.

   a.  $\frac{6}{9}$

   b.  $\frac{15}{4}$



EUREKA MATH®

Un neuvième des élèves de la classe de M. Beck indique que le rouge est leur couleur préférée. Deux fois plus d'élèves considèrent le bleu comme leur couleur préférée et trois fois plus d'élèves préfèrent le rose. Le reste des élèves nomment le vert comme leur couleur préférée. Quelle fraction des élèves disent que le vert ou le rose est leur couleur préférée ?

**Extension :** Si 6 élèves appellent le bleu leur couleur préférée, combien d'élèves sont dans la classe de M. Beck ?

**Lire      Dessiner      Écrire**

Nom _______________________________________________     Date _______________

1. Dessine un modèle de fraction rectangulaire pour trouver la somme. Simplifie ta réponse, si possible.

a. $\frac{1}{2} + \frac{1}{3} =$

b. $\frac{1}{3} + \frac{1}{5} =$

c. $\frac{1}{4} + \frac{1}{3} =$

d. $\frac{1}{3} + \frac{1}{7} =$

e.  $\dfrac{3}{4} + \dfrac{1}{5} =$                                    f.  $\dfrac{2}{3} + \dfrac{2}{7} =$

Résous les problèmes suivants. Dessine une image et écris la phrase numérique qui prouve la réponse. Simplifie ta réponse, si possible.

2.  Jamal a utilisee $\dfrac{1}{3}$ yard de ruban pour nouer un paquet et $\dfrac{1}{6}$ yard de ruban pour nouer un nœud. Combien de yards de ruban Jamal a-t-il utilisés ?

          **Leçon 3 :**      Additionner des fractions avec des unités différentes à l'aide de la stratégie
                                 de création de fractions équivalentes.



EUREKA
MATH

3.  Au cours du week-end, Nolan a bu $\frac{1}{6}$ litre de jus d'orange et Andrea a bu $\frac{3}{4}$ litre de jus d'orange. Combien de litres ont-ils bu ensemble ?

4.  Nadia a dépensé $\frac{1}{4}$ de son argent sur une chemise et $\frac{2}{5}$ de son argent sur de nouvelles chaussures. Quelle fraction de l'argent de Nadia a été dépensée ? Quelle fraction de son argent reste-t-il ?

Nom _______________________________________     Date _______________________

Résous en dessinant le modèle de fraction rectangulaire.

1.  $\frac{1}{2} + \frac{1}{5} =$

2.  En une heure, Ed a passé $\frac{2}{5}$ du temps à faire ses devoirs et $\frac{1}{4}$ du temps à vérifier ses e-mails. Combien de temps a-t-il passé à faire ses devoirs et à vérifier ses e-mails ? Écris ta réponse sous forme de fraction. (Extension : Écris la réponse en minutes.)

Leslie a 1 litre de lait dans son réfrigérateur à boire aujourd'hui. Elle a bu $\frac{1}{2}$ de litre de lait pour le petit déjeuner et $\frac{2}{5}$ de litre de lait pour le dîner. Quelle part d'un litre Leslie a-t-elle bu pendant le petit déjeuner et le dîner ?

**Extension :** Quelle part du litre reste-t-il à boire à Leslie avec son dessert ? Donne ta réponse sous forme de fraction de litres et en décimale.

Lire      Dessiner      Écrire

Nom _______________________________________________     Date _______________________

1. Pour les problèmes suivants, dessine une image en utilisant le modèle de fraction rectangulaire et écris la réponse. Lorsque cela est possible, écris ta réponse sous la forme d'un nombre mixte.

   a. $\frac{2}{3}+\frac{1}{2}=$

   b. $\frac{3}{4}+\frac{2}{3}=$

   c. $\frac{1}{2}+\frac{3}{5}=$

   d. $\frac{5}{7}+\frac{1}{2}=$



EUREKA MATH

e.  $\frac{3}{4}+\frac{5}{6}=$

f.  $\frac{2}{3}+\frac{3}{7}=$

Résous les problèmes suivants. Dessine une image et écris la phrase numérique qui prouve la réponse. Simplifie ta réponse, si possible.

2.  Penny a utilisé $\frac{2}{5}$ lb de farine pour cuire un gâteau à la vanille. Elle a utilisé $\frac{3}{4}$ lb de plus de farine pour cuire un gâteau au chocolat. Quelles quantités de farine a-t-elle utilisé en tout ?



Leçon 4 :    Additionner des fractions dont les sommes sont comprises entre 1 et 2.

EUREKA MATH

3.  Carlos veut pratiquer le piano 2 heures par jour. Il pratique le piano $\frac{3}{4}$ heure avant l'école et $\frac{7}{10}$ heure quand il rentre chez lui. Combien d'heures Carlos a-t-il pratiqué le piano ? Combien de temps doit-il encore consacrer à appendre le piano avant de se coucher pour atteindre son objectif ?

Nom _______________________________     Date _______________

1. Dessine un modèle pour t'aider à résoudre $\frac{5}{6} + \frac{1}{4}$. Écris ta réponse sous la forme d'un nombre mixte.

2. Patrick a bu $\frac{3}{4}$ litre d'eau lundi avant de faire du jogging. Il a bu $\frac{4}{5}$ litre d'eau après son jogging. Quelle quantité d'eau Patrick a-t-il bue en tout ? Écris ta réponse sous la forme d'un nombre mixte.

Leçon 4 :     Additionner des fractions dont les sommes sont comprises entre 1 et 2.     **29**

Un agriculteur utilise $\frac{3}{4}$ de son champ pour planter du maïs, $\frac{1}{6}$ de son champ pour planter des haricots et le reste pour planter du blé. Quelle fraction de son champ est utilisée pour le blé ?

<br><br>

**Lire**        **Dessiner**        **Écrire**

Nom _______________________________________    Date _______________

1. Pour les problèmes suivants, dessine une image en utilisant le modèle de fraction rectangulaire et écris la réponse. Simplifie ta réponse, si possible.

a. $\dfrac{1}{3} - \dfrac{1}{4} =$

b. $\dfrac{2}{3} - \dfrac{1}{2} =$

c. $\dfrac{5}{6} - \dfrac{1}{4} =$

d. $\dfrac{2}{3} - \dfrac{1}{7} =$



**Leçon 5 :**   Soustraire des fractions avec des unités différentes à l'aide de la stratégie de création de fractions équivalentes.

e. $\frac{3}{4} - \frac{3}{8} =$

f. $\frac{3}{4} - \frac{2}{7} =$

2. M. Penman avait $\frac{2}{3}$ litre d'eau salée. Il a utilisé $\frac{1}{5}$ d'un litre pour une expérience. Combien d'eau salée reste-t-il à M. Penman ?



Leçon 5 :     Soustraire des fractions avec des unités différentes à l'aide de la stratégie de création de fractions équivalentes.



EUREKA MATH

3. Sandra dit que $\frac{4}{7} - \frac{1}{3} = \frac{3}{4}$ parce que tout ce que tu as à faire est de soustraire les numérateurs et de soustraire les dénominateurs. Convaincs Sandra qu'elle a tort. Tu peux dessiner un modèle de fraction rectangulaire pour soutenir ta logique.

Nom _______________________________________     Date _______________________

Pour les problèmes suivants, dessine une image en utilisant le modèle de fraction rectangulaire et écris la réponse. Simplifie ta réponse, si possible.

a.  $\frac{1}{2} - \frac{1}{7} =$

b.  $\frac{3}{5} - \frac{1}{2} =$

La famille Napoli a combiné deux sacs de nourriture sèche pour chats dans un contenant en plastique. Un sac contenait $\frac{5}{6}$ kg de de nourriture pour chat. L'autre sac contenait $\frac{3}{4}$ kg. Quel était le poids total du conteneur une fois les sacs combinés ?

________________________________________________________________

________________________________________________________________

________________________________________________________________

________________________________________________________________

**Lire**        **Dessiner**        **Écrire**

Leçon 6 :   Soustraire des fractions des nombres entre 1 et 2.          39

Nom _________________________________________          Date _______________________

1. Pour les problèmes suivants, dessine une image en utilisant le modèle de fraction rectangulaire et écris la réponse. Simplifie ta réponse, si possible.

    a.   $1\frac{1}{4} - \frac{1}{3} =$

    b.   $1\frac{1}{5} - \frac{1}{3} =$

    c.   $1\frac{3}{8} - \frac{1}{2} =$

    d.   $1\frac{2}{5} - \frac{1}{2} =$



EUREKA MATH

e. $1\frac{2}{7} - \frac{1}{3} =$

f. $1\frac{2}{3} - \frac{3}{5} =$

2. Jean-Luc a couru autour du lac pendant $1\frac{1}{4}$ heure. William a parcouru la même distance en $\frac{5}{6}$ heure. Combien de temps a mis Jean-Luc en plus de William en heures ?



**Leçon 6 :**     Soustraire des fractions des nombres entre 1 et 2.



**EUREKA MATH**

3. Est-il vrai que $1\frac{2}{5} - \frac{3}{4} = \frac{1}{4} + \frac{2}{5}$ ? Prouve ta réponse.



EUREKA
MATH

Nom _______________________________     Date _______________

Pour les problèmes suivants, dessine une image en utilisant le modèle de fraction rectangulaire et écris la réponse. Simplifie ta réponse, si possible.

a.   $1\frac{1}{5} - \frac{1}{2} =$

b.   $1\frac{1}{3} - \frac{5}{6} =$

Nom _______________________________    Date _______________

Résous les problèmes en utilisant la stratégie LDE. Montre tout ton travail.

1. George a désherbé $\frac{1}{5}$ du jardin et Summer l'a également désherbé. Quand ils furent terminés, $\frac{2}{3}$ du jardin avait encore besoin d'être désherbé. Quelle fraction du jardin a été désherbée par Summer ?

2. Jing a dépensé $\frac{1}{3}$ de son argent sur un paquet de stylos, $\frac{1}{2}$ de son argent sur un paquet de marqueurs et $\frac{1}{8}$ de son argent sur un paquet de crayons. Quelle fraction de son argent reste-t-il ?

Leçon 7 :     Résoudre des problèmes à deux étapes.     47

3.  Shelby a acheté un tube de 2 onces de peinture bleue. Elle a utilisé $\frac{2}{3}$ d'once pour peindre l'eau, $\frac{3}{5}$ d'once pour peindre le ciel et un peu plus pour peindre un drapeau. Après cela, il lui reste une $\frac{2}{15}$ d'once. Quelle quantité de peinture Shelby a-t-elle utilisée pour peindre son drapeau ?

4.  Jim a vendu $\frac{3}{4}$ gallon de limonade. Dwight a également vendu de la limonade. Ensemble, ils ont vendu $1\frac{5}{12}$ gallons. Qui a vendu plus de limonade, Jim ou Dwight ? Combien en plus ?

   **Leçon 7 :**    Résoudre des problèmes à deux étapes.



EUREKA
MATH

5.  Leonard a dépensé $\frac{1}{4}$ de son argent sur un sandwich. Il a dépensé 2 fois plus pour un cadeau pour son frère que pour un certain nombre de bandes dessinées. Il lui restait $\frac{3}{8}$ de son argent. Quelle fraction de son argent a-t-il dépensé pour les bandes dessinées ?

Leçon 7 :      Résoudre des problèmes à deux étapes.                                              49

Nom _______________________________     Date _______________

Résous le problème en utilisant la stratégie LDE. Montre tout ton travail.

M. Pham a tondu $\frac{2}{7}$ de sa pelouse. Son fils en a tondu $\frac{1}{4}$. Qui a le plus tondu ? Quelle fraction de la pelouse reste-t-il à tondre ?

Jane a trouvé de l'argent dans sa poche. Elle est allée au magasin et a dépensé $\frac{1}{4}$ de son argent pour du lait au chocolat, $\frac{3}{5}$ de son argent pour un magazine, et le reste de son argent pour des bonbons. Quelle fraction de son argent a-t-elle dépensé en bonbons ?

**Lire     Dessiner     Écrire**

Leçon 8 :    Additionner des fractions à t soustraire des fractions de nombres entiers en utilisant l'équivalence et la ligne numérique comme stratégies.

53

Nom _______________________________________________     Date _______________________

1.  Additionne ou soustrais.

a.  $2 + 1\frac{1}{5} =$

b.  $2 - 1\frac{3}{8} =$

c.  $5\frac{2}{5} + 2\frac{3}{5} =$

d.  $4 - 2\frac{2}{7} =$

e.  $9\frac{3}{4} + 8 =$

f.  $17 - 15\frac{2}{3} =$

g.  $15 + 17\frac{2}{3} =$

h.  $100 - 20\frac{7}{8} =$

2. Calvin a passé 30 minutes au coin. Lors des premières $23\frac{1}{3}$ minutes, Calvin a compté les taches au plafond. Ensuite, il a fait des grimaces à son tigre en peluche. Combien de temps, Calvin a-t-il passé à faire des grimaces à son tigre ?

3. Linda avait prévu de pratiquer son piano pendant 9 heures cette semaine. Mardi, elle avait répété pendant $2\frac{1}{2}$ heures. Combien de temps doit-elle encore répéter pour atteindre son objectif ?



Leçon 8 : Additionner des fractions à t soustraire des fractions de nombres entiers en utilisant l'équivalence et la ligne numérique comme stratégies.

EUREKA MATH

4.  Gary dit que $3 - 1\frac{1}{3}$ sera plus grand que 2, étant donné que $3 - 1$ égale 2. Fais un dessin pour montrer que Gary a tort.

Leçon 8 :   Additionner des fractions à t soustraire des fractions de nombres entiers
en utilisant l'équivalence et la ligne numérique comme stratégies.

Nom _______________________________  Date _______________

**Additionne ou soustrais.**

a.  $5 + 1\frac{7}{8} =$

b.  $3 - 1\frac{3}{4} =$

c.  $7\frac{3}{8} + 4 =$

d.  $4 - 2\frac{3}{7} =$

EUREKA MATH

ligne de chiffres vide

Leçon 8 : Additionner des fractions à t soustraire des fractions de nombres entiers en utilisant l'équivalence et la ligne numérique comme stratégies.

61

Hannah et son amie s'entraînent pour courir une course de 2 miles. Lundi, Hannah a couru $\frac{1}{2}$ mile. Mardi, elle a couru $\frac{1}{5}$ mile de plus que ce qu'elle avait couru le lundi.

a.  Jusqu'où Hannah a-t-elle couru mardi ?

b.  Si son amie a couru $\frac{3}{4}$ mile mardi, combien de miles les filles ont-elles courus en tout mardi ?

**Lire**          **Dessiner**          **Écrire**

Leçon 9 :     Ajoutez des fractions faisant des unités identiques numériquement.          63

Nom _________________________________　　Date _______________

1.　D'abord fais des unités semblables, et ensuite additionne.

a.　$\frac{3}{4} + \frac{1}{7} =$

b.　$\frac{1}{4} + \frac{9}{8} =$

c.　$\frac{3}{8} + \frac{3}{7} =$

d.　$\frac{4}{9} + \frac{4}{7} =$

e.　$\frac{1}{5} + \frac{2}{3} =$

f.　$\frac{3}{4} + \frac{5}{6} =$



EUREKA
MATH®

g. $\dfrac{2}{3} + \dfrac{1}{11} =$

h. $\dfrac{3}{4} + 1\dfrac{1}{10} =$

2. Whitney dit que pour additionner des fractions avec des dénominateurs différents, il faut toujours multiplier les dénominateurs pour trouver l'unité commune ; par exemple :

$$\dfrac{1}{4} + \dfrac{1}{6} = \dfrac{6}{24} + \dfrac{4}{24}$$

Montre à Whitney comment elle aurait pu choisir un dénominateur plus petit que 24, et résous le problème.



Leçon 9 :     Ajoutez des fractions faisant des unités identiques numériquement.

3. Jackie a apporté $\frac{3}{4}$ de gallon d'iced tea à une fête. Bill a apporté $\frac{7}{8}$ de gallon d'iced tea à la même fête. Quelle quantité d'iced tea Jackie et Bill ont-ils apporté à la fête ?

4. Madame Curie a fait du radium dans son labo. Elle a utilisé $\frac{2}{5}$ kg du radium pour une expérience et il lui reste $1\frac{1}{4}$ kg. Quelle quantité de radium avait-elle au départ ? (Extension: si elle réalise l'expérience deux fois, quelle quantité de radium lui restera-t-il ?)

Nom _______________________________     Date _______________

Fais des unités semblables, et ensuite additionne.

a.   $\frac{1}{6} + \frac{3}{4} =$

b.   $1\frac{1}{2} + \frac{2}{5} =$

Pour faire du punch pour la fête de classe, Mme Lui a mélangé $1\frac{1}{3}$ tasses de jus d'oranges, $\frac{3}{4}$ tasse de jus de pommes, $\frac{2}{3}$ tasse de jus de canneberge, et $\frac{3}{4}$ tasse de soda au citron. Quand tout est mélangé, combien de tasses de punch la recette fait-elle ?

**Extension :** chaque portion fait 1 tasse. Combien de fois Mme Lui doit-elle faire sa recette pour servir ses 20 élèves ?

**Lire**        **Dessiner**        **Écrire**

Leçon 10 :      Ajoutez les fractions dont les sommes sont supérieures à 2.        71

EUREKA
MATH

Nom _________________________________     Date _________________

1. Additionne.

   a.   $2\frac{1}{4} + 1\frac{1}{5} =$               b.   $2\frac{3}{4} + 1\frac{2}{5} =$

   c.   $1\frac{1}{5} + 2\frac{1}{3} =$               d.   $4\frac{2}{3} + 1\frac{2}{5} =$

   e.   $3\frac{1}{3} + 4\frac{5}{7} =$               f.   $2\frac{6}{7} + 5\frac{2}{3} =$

g.   $15\frac{1}{5} + 3\frac{5}{8} =$

h.   $15\frac{5}{8} + 5\frac{2}{5} =$

2.   Lundi, Erin a fait un jogging de $2\frac{1}{4}$ miles.  Mercredi, elle a couru $3\frac{1}{3}$ miles, et vendredi, elle a couru $2\frac{2}{3}$ miles. Quelle distance Erin a-t-elle parcourue en tout ?



Leçon 10 :     Ajoutez les fractions dont les sommes sont supérieures à 2.

EUREKA
MATH

3. Darren a acheté de la peinture. Il a utilisé $2\frac{1}{4}$ gallons de peinture pour son salon. Après, il lui restait $3\frac{5}{6}$ gallons. Quelle quantité de peinture a-t-il acheté ?

4. Clayton dit que $2\frac{1}{2} + 3\frac{3}{5}$ va faire plus que 5 mais moins que 6 étant donné que 2 + 3 fait 5. Le raisonnement de Clayton est-il correct ? Montre s'il a tort ou raison.

Leçon 10 :　　Ajoutez les fractions dont les sommes sont supérieures à 2.　　**75**

Nom _______________________________     Date _______________

Additionne.

1. $3\frac{1}{2} + 1\frac{1}{3} =$

2. $4\frac{5}{7} + 3\frac{3}{4} =$

Meredith est allée au cinéma. Elle a passé $\frac{2}{5}$ de son argent sur un billet et $\frac{3}{7}$ de son argent en pop-corn.  Combien de son argent a-t-elle dépensé ?

**Extension :** quelle somme d'argent reste-t-il ?

**Lire**      **Dessiner**      **Écrire**



EUREKA MATH

Nom _______________________________________     Date _______________

1. Génère des fractions équivalentes pour avoir des unités semblables. Ensuite, soustrais.

a. $\frac{1}{2} - \frac{1}{3} =$

b. $\frac{7}{10} - \frac{1}{3} =$

c. $\frac{7}{8} - \frac{3}{4} =$

d. $1\frac{2}{5} - \frac{3}{8} =$

e. $1\frac{3}{10} - \frac{1}{6} =$

f. $2\frac{1}{3} - 1\frac{1}{5} =$

g. $5\frac{6}{7} - 2\frac{2}{3} =$

h. Trace une ligne numérique pour montrer que ta réponse à (g) est raisonnable.



EUREKA MATH

2.  George dit que, pour soustraire des fractions avec des dénominateurs différents, il faut toujours multiplier les dénominateurs pour trouver l'unité commune ; par exemple :

$$\frac{3}{8} - \frac{1}{6} = \frac{18}{48} - \frac{8}{48}$$

Montre à George comment il aurait pu choisir un dénominateur plus petit que 48, et résous le problème.

3.  Meiling a $1\frac{1}{4}$ litres de jus d'oranges. Elle a bu $\frac{1}{3}$ litre. Quelle quantité de jus d'orange reste-t-il ?

(Extension : si son frère a bu deux fois plus que Meiling, quelle quantité reste-t-il ?)

4.  Harlan a utilisé $3\frac{1}{2}$ kg de sable pour faire un grand sablier. Pour faire un petit sablier, il a seulement utilisé $1\frac{3}{7}$ kg kg de sable. De quelle quantité de sable a-t-il eu besoin en plus pour faire le grand sablier que pour faire le petit ?

Nom _______________________________________     Date _________________

Génère des fractions équivalentes pour avoir des unités semblables. Ensuite, soustrais.

a.  $\dfrac{3}{4} - \dfrac{3}{10} =$

b.  $3\dfrac{1}{2} - 1\dfrac{1}{3} =$

## Problème 1

Pour son devoir de lecture, Max devait lire $15\frac{1}{2}$ pages. Après avoir lu $4\frac{1}{3}$ pages, il a fait une pause. Combien de pages supplémentaires doit-il encore lire pour terminer son devoir ?

## Problème 2

Sam et Nathan s'entraînent pour une course. Lundi, Sam a couru $2\frac{3}{4}$ miles, et Nathan a couru $2\frac{1}{3}$ miles. Quelle distance Sam parcourue en plus que Nathan ?

**Lire**     **Dessiner**     **Écrire**

Leçon 12 :     Soustrayez les fractions supérieures ou égales à 1.

85

Nom _______________________________________    Date _______________________

1.  Soustrais.

a.  $3\frac{1}{5} - 2\frac{1}{4} =$

b.  $4\frac{2}{5} - 3\frac{3}{4} =$

c.  $7\frac{1}{5} - 4\frac{1}{3} =$

d.  $7\frac{2}{5} - 5\frac{2}{3} =$

e.  $4\frac{2}{7} - 3\frac{1}{3} =$

f.  $9\frac{2}{3} - 2\frac{6}{7} =$



EUREKA MATH®

g.   $17\frac{2}{3} - 5\frac{5}{6} =$

h.   $18\frac{1}{3} - 3\frac{3}{8} =$

2.  Toby a écrit ceci :

$$7\frac{1}{4} - 3\frac{3}{4} = 4\frac{2}{4} = 4\frac{1}{2}.$$

Le calcul de Toby est-il correct ? Trace une ligne numérique pour appuyer ta réponse.



**Leçon 12 :**      Soustrayez les fractions supérieures ou égales à 1.



EUREKA MATH

3. M. Neville Iceguy a mélangé $12\frac{3}{5}$ gallons de chili pour une fête. S'il y avait $7\frac{3}{4}$ gallons de chili moyen, et que le reste était super épicé, quelle quantité de chili super épicé en plus M. Iceguy a-t-il fait?

4. Jazmyne a décidé d'étudier pendant $6\frac{1}{2}$ heures au cours du weekend. Elle a étudié pendant $1\frac{1}{4}$ heures vendredi soir et pendant $2\frac{2}{3}$ heures le samedi. Pendant combien de temps doit-elle étudier le dimanche pour atteindre son objectif ?

Leçon 12 :    Soustrayez les fractions supérieures ou égales à 1.

89

Nom _____________________________     Date _______________

Soustrais.

1.  $5\frac{1}{2} - 1\frac{1}{3} =$

2.  $8\frac{3}{4} - 5\frac{5}{6} =$

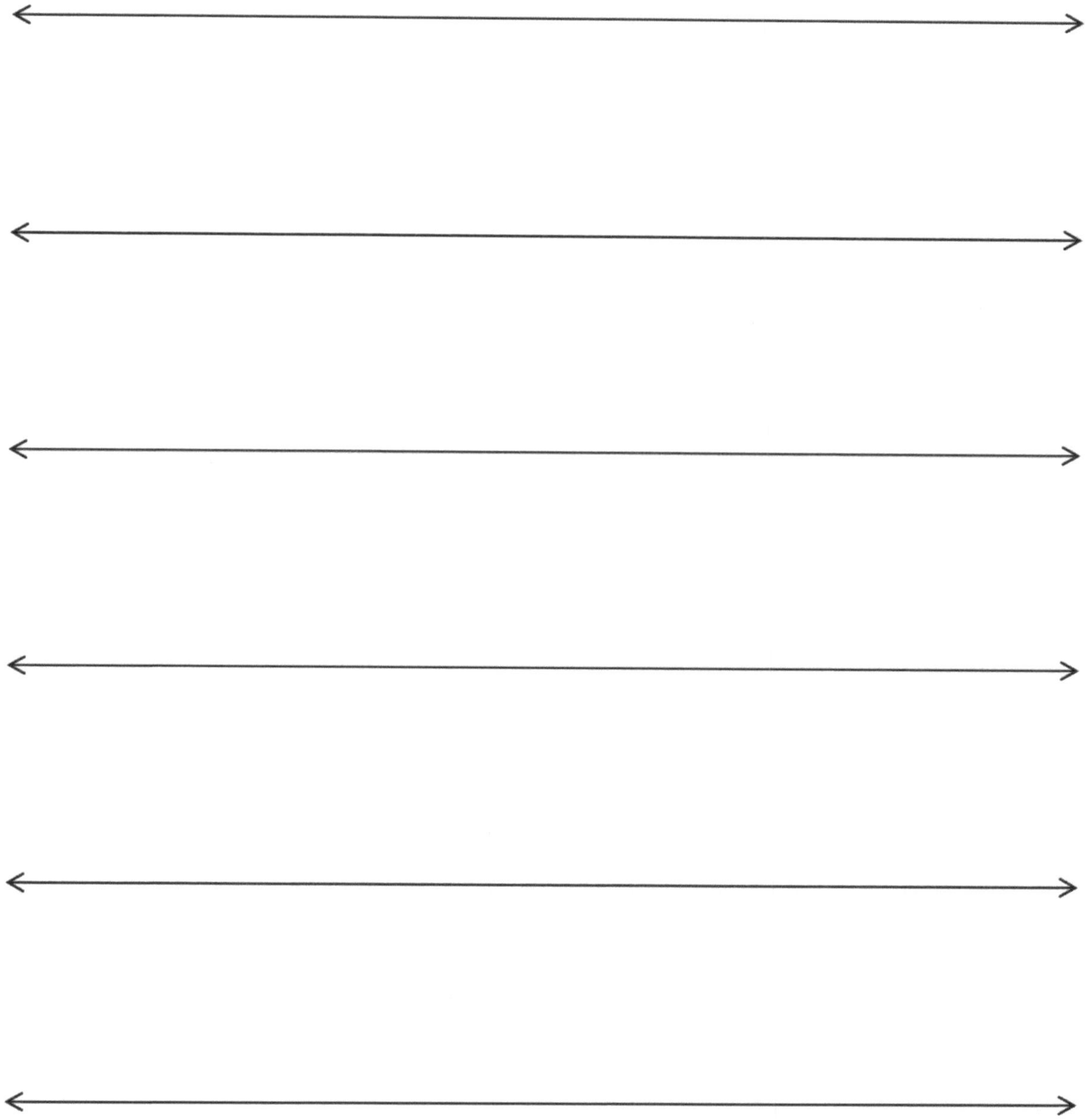

ligne numérique vide - de la Leçon 8

Mark a couru $3\frac{5}{7}$ km. Sa sœur a couru $2\frac{4}{5}$ km. Quelle distance Mark a parcourue en plus que sa sœur ?

**Lire**          **Dessiner**          **Écrire**

Leçon 13 :  Utiliser des nombres repères de fraction pour évaluer le caractère raisonnable des équations d'addition et de soustraction.

95

Nom _________________________________________     Date _____________________

1.  Les expressions suivantes sont-elles supérieures ou inférieures à 1 ? Entoure la bonne réponse.

     a.   $\frac{1}{2} + \frac{2}{7}$          plus grand que 1          de moins que 1

     b.   $\frac{5}{8} + \frac{3}{5}$          plus grand que 1          de moins que 1

     c.   $1\frac{1}{4} - \frac{1}{3}$          plus grand que 1          de moins que 1

     d.   $3\frac{5}{8} - 2\frac{5}{9}$          plus grand que 1          de moins que 1

2.  Les expressions suivantes sont-elles supérieures ou inférieures à $\frac{1}{2}$ ? Entoure la bonne réponse.

     a.   $\frac{1}{4} + \frac{2}{3}$          plus grand que $\frac{1}{2}$          plus petit que $\frac{1}{2}$

     b.   $\frac{3}{7} - \frac{1}{8}$          plus grand que $\frac{1}{2}$          plus petit que $\frac{1}{2}$

     c.   $1\frac{1}{7} - \frac{7}{8}$          plus grand que $\frac{1}{2}$          plus petit que $\frac{1}{2}$

     d.   $\frac{3}{7} + \frac{2}{6}$          plus grand que $\frac{1}{2}$          plus petit que $\frac{1}{2}$

3.  Utilise >, <, ou = pour que les déclarations suivantes soient vraies.

     a.   $5\frac{2}{3} + 3\frac{3}{4}$ _______ $8\frac{2}{3}$             b.   $4\frac{5}{8} - 3\frac{2}{5}$ _______ $1\frac{5}{8} + \frac{2}{5}$

     c.   $5\frac{1}{2} + 1\frac{3}{7}$ _______ $6 + \frac{13}{14}$             d.   $15\frac{4}{7} - 11\frac{2}{5}$ _______ $4\frac{4}{7} + \frac{2}{5}$

---

**EUREKA MATH**      **Leçon 13 :**    Utiliser des nombres repères de fraction pour évaluer le caractère raisonnable      **97**
des équations d'addition et de soustraction.

4.  Est-il vrai que $4\frac{3}{5} - 3\frac{2}{3} = 1 + \frac{3}{5} + \frac{2}{3}$ ? Prouve ta réponse.

5.  Jackson doit mesurer $1\frac{3}{4}$ pouces de plus pour pouvoir monter sur les montagnes russes. Comme il ne peut pas attendre, il enfile une paire de bottes qui ajoutent $1\frac{1}{6}$ pouces à sa taille et glisse une semelle intérieure à l'intérieur pour ajouter $\frac{1}{8}$ pouces supplémentaires à sa taille. Cela fera-t-il apparaître Jackson assez grand pour monter sur les montagnes russes ?

6.  Une boulangère a besoin de 5 lb de beurre pour une recette. Elle a trouvé 2 portions pesant chacune $1\frac{1}{6}$ lb et $2\frac{2}{7}$ lb. A-t-elle assez de beurre pour sa recette ?



Leçon 13 :  Utiliser des nombres repères de fraction pour évaluer le caractère raisonnable des équations d'addition et de soustraction.



**EUREKA MATH**

Nom _______________________________     Date _______________

1.  Entoure la bonne réponse.

a.  $\frac{1}{2} + \frac{5}{12}$        plus grand que 1        de moins que 1

b.  $2\frac{7}{8} - 1\frac{7}{9}$        plus grand que 1        de moins que 1

c.  $1\frac{1}{12} - \frac{7}{10}$        plus grand que $\frac{1}{2}$        plus petit que $\frac{1}{2}$

d.  $\frac{3}{7} + \frac{1}{8}$        plus grand que $\frac{1}{2}$        plus petit que $\frac{1}{2}$

2.  Utilise >, <, ou = pour que les déclarations suivantes soient vraies.

$$4\frac{4}{5} + 3\frac{2}{3} \underline{\hspace{2cm}} 8\frac{1}{2}$$

# Problème 1

Pour une grosse commande, M. Magoo a fait $\frac{3}{8}$ kg de fudge dans sa boulangerie. Il a ensuite pris $\frac{1}{6}$ kg de la boulangerie de sa sœur. S'il a besoin d'un total de $1\frac{1}{2}$ kg, combien de fudge doit-il faire de plus ?

# Problème 2

Pendant sa pause-déjeuner, Charlie boit $2\frac{3}{4}$ tasses de lait. Allison boit $\frac{3}{8}$ tasse de lait. Carmen boit $1\frac{1}{6}$ tasses de lait. Combien de lait les 3 élèves boivent-ils en tout ?

**Lire　　　　　Dessiner　　　　　Écrire**

Leçon 14 :　　　Élaborer une stratégie pour résoudre des problèmes à plusieurs termes.　　　101

Nom _________________________________     Date _________________

1. Réorganise les termes de manière à pouvoir ajouter ou soustraire mentalement. Ensuite, résous-les.

   a.   $\frac{1}{4} + 2\frac{2}{3} + \frac{7}{4} + \frac{1}{3}$               b.   $2\frac{3}{5} - \frac{3}{4} + \frac{2}{5}$

   c.   $4\frac{3}{7} - \frac{3}{4} - 2\frac{1}{4} - \frac{3}{7}$         d.   $\frac{5}{6} + \frac{1}{3} - \frac{4}{3} + \frac{1}{6}$

2. Remplis le blanc pour rendre la phrase vraie.

   a.   $11\frac{2}{5} - 3\frac{2}{3} - \frac{11}{3} =$ ______        b.   $11\frac{7}{8} + 3\frac{1}{5} -$ ______ $= 15$

---

c. $\dfrac{5}{12} - \underline{\hspace{2cm}} + \dfrac{5}{4} = \dfrac{2}{3}$

d. $\underline{\hspace{2cm}} - 30 - 7\dfrac{1}{4} = 21\dfrac{2}{3}$

e. $\dfrac{24}{5} + \underline{\hspace{2cm}} + \dfrac{8}{7} = 9$

f. $11.1 + 3\dfrac{1}{10} - \underline{\hspace{2cm}} = \dfrac{99}{10}$

3. De Angelo a besoin de 100 lb de terre de jardin pour aménager un bâtiment. Dans la zone de stockage de la société, il trouve 2 caisses contenant chacune $24\dfrac{3}{4}$ lb de terre de jardin et une troisième caisse contenant $19\dfrac{3}{8}$ lb. De quelle quantité de terre de jardinage DeAngelo a-t-il encore besoin pour effectuer le travail ?



Leçon 14 :　　Élaborer une stratégie pour résoudre des problèmes à plusieurs termes.



EUREKA MATH

4. Des bénévoles ont aidé à nettoyer 8.2 kg de déchets dans un quartier et $11\frac{1}{2}$ kg dans un autre. Ils ont envoyé $1\frac{1}{4}$ kg pour être recyclés et ont jeté le reste. Combien de kilogrammes de déchets ont-ils jetés ?

Leçon 14 :     Élaborer une stratégie pour résoudre des problèmes à plusieurs termes.

Nom ___________________________  Date ___________________

Remplis le blanc pour rendre la phrase vraie.

1.  $1\frac{3}{4} + \frac{1}{6} + \underline{\hspace{2cm}} = 7\frac{1}{2}$

2.  $8\frac{4}{5} - \frac{2}{3} - \underline{\hspace{2cm}} = 3\frac{1}{10}$

Nom _______________________________     Date _______________

Résous les problèmes en utilisant la stratégie LDE. Montre tout ton travail.

1. Dans une course, le finisseur en deuxième place a franchi la ligne d'arrivée $1\frac{1}{3}$ minutes après le vainqueur. Le finisseur en troisième place était à $1\frac{3}{4}$ minutes de celui de la deuxième place. Le finisseur en troisième place a pris $34\frac{2}{3}$ minutes. Combien de temps a-t-il fallu au vainqueur ?

2. John a utilisé $1\frac{3}{4}$ kg de sel pour faire fondre la glace sur son trottoir. Il a ensuite utilisé un $3\frac{4}{5}$ kg de plus sur l'allée. S'il a initialement acheté 10 kg de sel, combien lui reste-t-il ?

Leçon 15 :     Résoudre des problèmes à plusieurs étapes ; évaluer le caractère raisonnable
des solutions en utilisant des nombres repères.

**109**

3. Le sinistre Stan a volé $3\frac{3}{4}$ oz de substance visqueuse à Messy Molly, mais ses plans diaboliques nécessitent $6\frac{3}{8}$ oz de substance visqueuse. Il a volé $2\frac{3}{5}$ oz de plus de substance visqueuse à Rude Ralph. De combien de substance visqueuse en plus le sinistre Stan a-t-il besoin pour son plan diabolique ?

4. Gavin avait 20 minutes pour faire un quiz à trois problèmes. Il a passé $9\frac{3}{4}$ minutes sur le problème 1 et $3\frac{4}{5}$ minutes sur le problème 2. Combien de temps lui restait-il pour le problème 3 ? Écris la réponse en minutes et secondes.



Leçon 15 :    Résoudre des problèmes à plusieurs étapes ; évaluer le caractère raisonnable des solutions en utilisant des nombres repères.

EUREKA MATH

5. Matt veut gagner $2\frac{1}{2}$ minutes sur son temps de course de 5 km. Après un mois d'entraînement intensif, il a réussi à réduire son temps global de $21\frac{1}{5}$ minutes à $19\frac{1}{4}$ minutes. Combien de minutes de plus Matt a-t-il besoin de réduire son temps de course ?



Leçon 15 :     Résoudre des problèmes à plusieurs étapes ; évaluer le caractère raisonnable des solutions en utilisant des nombres repères.

      111

Nom _______________________________      Date _________________

Résous le problème en utilisant la stratégie LDE. Montre tout ton travail.

Cheryl a acheté un sandwich pour des $5\frac{1}{2}$ dollars et une boisson pour \$2.60. Si elle a payé son repas avec un billet de \$10, combien d'argent lui restait-il ? Écris ta réponse sous forme de fraction et en dollars et en cents.

Leçon 15 :      Résoudre des problèmes à plusieurs étapes ; évaluer le caractère raisonnable des solutions en utilisant des nombres repères.

Noms _______________________________ et _______________________ Date ________________

1.  Dessine les rubans suivants. Lorsque tu as terminé, compare ton travail à celui de ton partenaire.

    a.  1 ruban. La pièce montrée ci-dessous n'est que $\frac{1}{3}$ du tout. Complète le dessin pour montrer le ruban en entier.

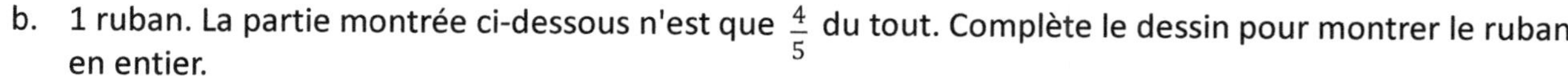

    b.  1 ruban. La partie montrée ci-dessous n'est que $\frac{4}{5}$ du tout. Complète le dessin pour montrer le ruban en entier.

    c.  2 rubans, A et B. Un tiers de A est égal à tout B. Dessine une image des rubans.

    d.  3 rubans, C, D, et E. C est la moitié de la longueur de D. E est deux fois plus long que D. Dessine une image des rubans.

2. La moitié du morceau de fil de Robert équivaut à $\frac{2}{3}$ du fil de Maria. La longueur totale de leurs fils est de 10 pieds. De combien le fil de Robert est-il plus long que celui de Maria ?

3. La moitié du fil de Sarah est égale à $\frac{2}{5}$ de celui de Daniel. Chris en a 3 fois plus que Sarah. En tout, leur fil mesure 6 pieds. Quelle est la longueur du fil de Sarah en pieds ?



**Leçon 16 :**    Explorer les relations partie-tout.

Nom _______________________________   Date _______________

Dessine les rubans suivants.

a.  1 ruban. La pièce montrée ci-dessous n'est que $\frac{1}{3}$ du tout. Complète le dessin pour montrer le ruban en entier.

b.  1 ruban. La partie montrée ci-dessous n'est que $\frac{1}{4}$ du tout. Complète le dessin pour montrer le ruban en entier.

c.  3 rubans, A, B, et C. 1 tiers de A a la même longueur que B. C est deux fois moins long que B. Dessine une image des rubans.

Leçon 16 :     Explorer les relations partie-tout.

117

# 5e année

# Module 4

Le graphique linéaire suivant montre la croissance, en pouces, de 10 plants de haricots au cours de leur deuxième semaine de germination :

Croissance des haricots en pouces au cours de la deuxième semaine

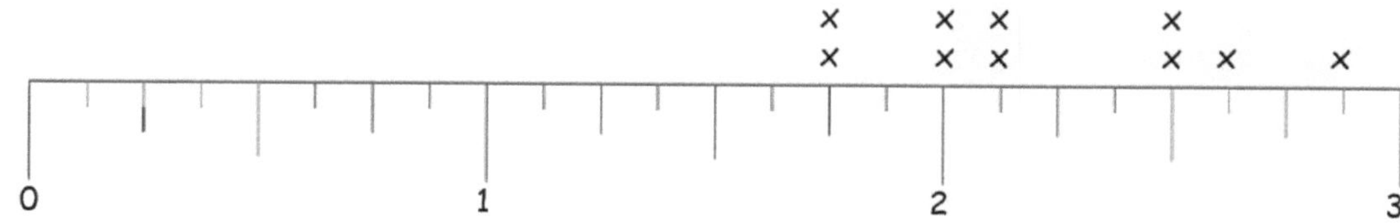

a. Quelle est la mesure de la plante la plus courte ?

b. Combien de plantes mesurent $2\frac{1}{2}$ pouces ?

c. Quelle est la mesure de la plante la plus haute ?

d. Quelle est la différence entre les mesures les plus longues et les plus courtes ?

**Lire**        **Dessiner**        **Écrire**

Leçon 1 :    Mesure et compare les longueurs de crayon du plus proche $\frac{1}{2}$, $\frac{1}{4}$, et $\frac{1}{8}$ d'un pouce, et analyse les données à l'aide de tracés linéaires.

Nom _______________________________________     Date________________________

1. Estimez la longueur de votre crayon au pouce près. _______________

2. À l'aide d'une règle, mesure ta bande de crayon au $\frac{1}{2}$ pouce le plus près et marque la mesure avec un X au-dessus de la règle ci-dessous. Fais un graphique linéaire des mesures au crayon de tes camarades de classe.

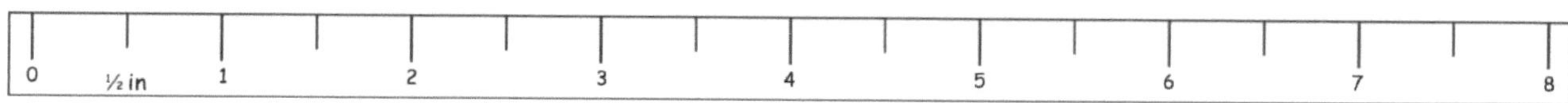

3. À l'aide d'une règle, mesure ta bande de crayon au $\frac{1}{4}$ pouce le plus près et marque la mesure avec un X au-dessus de la règle ci-dessous. Fais un graphique linéaire des mesures au crayon de tes camarades de classe.

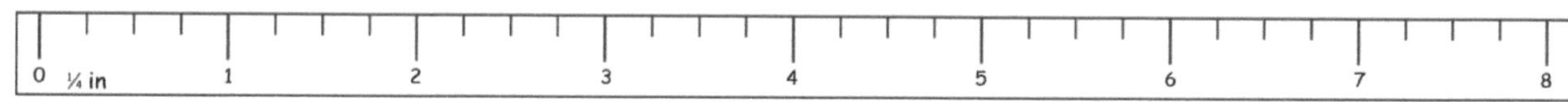

4. À l'aide d'une règle, mesure ta bande de crayon au $\frac{1}{8}$ pouce le plus près et marque la mesure avec un X au-dessus de la règle ci-dessous. Fais un graphique linéaire des mesures au crayon de tes camarades de classe.

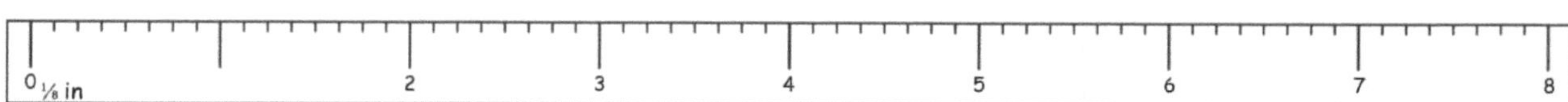

5. Utilise les trois tracés linéaires pour effectuer les opérations suivantes :
   a. Compare les trois tracés et écris une phrase qui décrit comment les tracés se ressemblent et une phrase qui décrit en quoi ils sont différents.

   b. Quelle est la différence entre les mesures des crayons les plus longs et les plus courts sur chacun des tracés à trois lignes ?

   c. Écrire une phrase décrivant comment tu pourrais créer une règle plus précise pour mesurer ta bande de crayon.



Leçon 1 :    Mesure et compare les longueurs de crayon du plus proche $\frac{1}{2}$, $\frac{1}{4}$, et $\frac{1}{8}$ d'un pouce, et analyse les données à l'aide de tracés linéaires.



EUREKA MATH

Nom _______________________________     Date _______________

1. Trace un graphique linéaire pour les données suivantes mesurées en pouces :

$1\frac{1}{2}$, $2\frac{3}{4}$, 3, $2\frac{3}{4}$, $2\frac{1}{2}$, $2\frac{3}{4}$, $3\frac{3}{4}$, 3, $3\frac{1}{2}$, $2\frac{1}{2}$, $3\frac{1}{2}$

2. Explique comment tu as décidé de diviser tes touts en parties fractionnaires et comment tu as décidé où ton échelle de nombres devrait commencer et se terminer.

Le graphique linéaire montre le nombre de miles parcourus par Noland dans sa classe d'EP le mois dernier, qui est arrondi au quart de mile le plus proche.

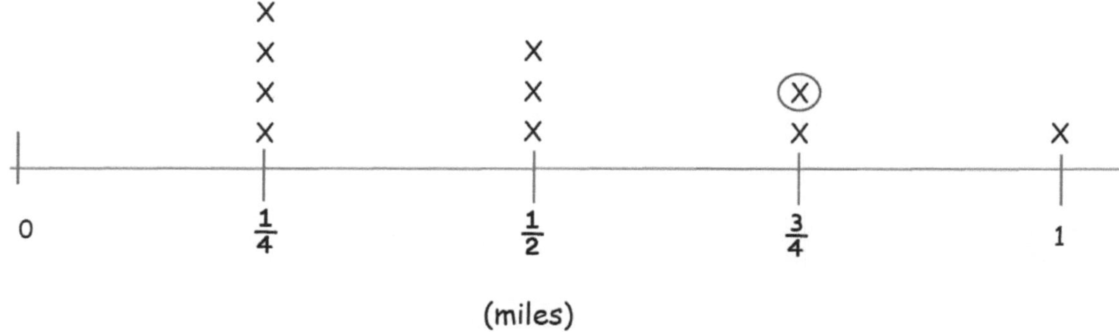


a.  Si Noland courait une fois par jour, combien de jours a-t-il couru ?

b.  Combien de miles Noland a-t-il parcouru au total le mois dernier ?

c.  Regarde le point de données entouré. La distance réelle parcourue par Noland ce jour-là était d'au moins _____ mile et inférieure à _____ mile.

**Lire          Dessiner          Écrire**

---

Leçon 2 :     Interpréter une fraction en tant que division.          127

Nom _________________________________     Date _______________

1. Fais un dessin pour montrer la division. Écris une expression de division sous forme d'unité. Puis, exprime ta réponse sous forme de fraction. Le premier exercice a été partiellement fait pour toi.

   a.   $1 \div 5 = 5 \text{ cinquièmes} \div 5 = 1 \text{ cinquième} = \frac{1}{5}$

   b.   $3 \div 4$

   c.   $6 \div 4$

2. Dessine pour montrer comment 2 enfants peuvent partager 3 cookies de manière égale. Écris une équation et exprime ta réponse sous forme de fraction.

3. Carly et Gina ont lu le problème suivant dans leur cours de mathématiques :

*Sept barres de céréales ont été partagées à parts égales par 3 enfants. Combien de barres chaque enfant a-t-il reçu ?*

Carly et Gina résolvent le problème différemment. Carly donne à chaque enfant 2 barres de céréales entières, puis divise la barre de céréales restante entre les 3 enfants. Gina divise toutes les barres de céréales en tiers et partage les tiers à parts égales entre les 3 enfants.

a. Illustre les solutions des deux filles.

b. Expliquez pourquoi elles ont toutes les deux raison.



**Leçon 2 :**     Interpréter une fraction en tant que division.

4.  Remplis les blancs pour faire des phrases numériques correctes.

a.  $2 \div 3 =$ _____

b.  $15 \div 8 =$ _____

c.  $11 \div 4 =$ _____

d.  e.  $\frac{3}{2} =$ _______ $\div$ _______

f.  $\frac{9}{13} =$ _______ $\div$ _______

g.  $1\frac{1}{3} =$ _______ $\div$ _______



EUREKA MATH

Nom ___________________________________  Date ___________________

1. Dessine une image qui montre l'expression de division. Puis, écris une équation et résous-la.

   a.  $3 \div 9$

   b.  $4 \div 3$

2. Remplis les blancs pour faire des vraies affirmations.

   a.  $21 \div 8 =$ ____

   b.  $\dfrac{7}{4} =$ ______ $\div$ ______

   c.  $4 \div 9 =$ ____

   d.  $1\dfrac{2}{7} =$ ______ $\div$ ______



EUREKA MATH

Hudson choisit un siège en classe d'art. Il scanne la pièce et voit une table pour 4 personnes avec 1 seau de fournitures artistiques, une table pour 6 personnes avec 2 seaux de fournitures et une table pour 5 personnes avec 2 seaux de fournitures. Quelle table Hudson devrait-il choisir s'il veut la plus grande part de fournitures artistiques ? Fais des dessins pour appuyer ta réponse.

**Lire**  **Dessiner**  **Écrire**

Leçon 3 :  Interpréter une fraction en tant que division.

135

Nom _______________________________________     Date _____________________

1. Remplis le tableau. Le premier a été fait pour toi.

| Expression de division | Sous forme d'unité | Fraction incorrecte | Nombres mixtes | Algorithme standard<br>(Écris ta réponse en nombres entiers et en unités fractionnaires. Puis, vérifie.) |
|---|---|---|---|---|
| a. $5 \div 4$ | 20 quarts ÷ 4<br><br>= 5 quarts | $\dfrac{5}{4}$ | $1\dfrac{1}{4}$ | $\begin{array}{r} 1\frac{1}{4} \\ 4\,\overline{\smash{\big)}\,5} \\ \underline{-4} \\ 1 \end{array}$    Vérifier<br>$4 \times 1\frac{1}{4} = 1\frac{1}{4} + 1\frac{1}{4} + 1\frac{1}{4} + 1\frac{1}{4}$<br>$= 4 + \frac{4}{4}$<br>$= 4 + 1$<br>$= 5$ |
| b. $3 \div 2$ | ___ moitiés ÷ 2<br><br>= ___ moitiés | | $1\dfrac{1}{2}$ | |
| c. ___ ÷ ___ | 24 quarts ÷ 4<br><br>= 6 quarts | | | $4\,\overline{\smash{\big)}\,6}$ |
| d. $5 \div 2$ | | $\dfrac{5}{2}$ | $2\dfrac{1}{2}$ | |

2. Un directeur distribue également 6 rames de papier à 8 enseignants de cinquième année.

 a. Combien de rames de papier chaque enseignant de cinquième année reçoit-il ? Explique comment tu le sais en utilisant des mots, des images ou des nombres.

 b. S'il y avait deux fois plus de rames de papier et moitié moins d'enseignants, comment le montant que reçoit chaque enseignant changerait-il ? Explique comment tu le sais en utilisant des mots, des images ou des nombres.

3. Un traiteur a préparé 16 plateaux de plats chauds pour un événement. Les plateaux sont placés dans des chauffe-plats pour la livraison. Chaque chauffe-plat peut contenir 5 plateaux de nourriture.

 a. Combien de chauffe-plats sont nécessaires pour la livraison si le traiteur souhaite utiliser le moins de chauffe-plats possible ? Explique comment tu le sais.

 b. Si le traiteur remplit complètement un chauffe-plat avant de remplir le chauffe-plat suivant`, quelle fraction du dernier conteneur sera vide ?

   **Leçon 3 :**  Interpréter une fraction en tant que division.

    

**EUREKA MATH**

Nom _______________________________________     Date _______________

Un pâtissier a fait 9 petits gâteaux, chacun d'un type différent. Quatre personnes veulent les partager également. Combien de petits gâteaux chaque personne recevra-t-elle ?

Remplis le tableau pour montrer comment résoudre le problème.

| Expression de division | Formulaires d'unité | Fractions et nombres mixtes | Algorithme standard |
|---|---|---|---|
|  |  |  |  |

Dessinez pour montrer votre réflexion:

Des élèves de quatre niveaux scolaires différents ont besoin d'un temps égal pour la récréation à l'intérieur et la salle de sport est disponible pendant trois heures.

a. Combien d'heures de récréation chaque niveau scolaire recevra-t-il ? Fais un dessin pour appuyer ta réponse.

b. Combien de minutes ?

**Lire**       **Dessiner**       **Écrire**

Leçon 4 :    Utiliser des diagrammes en bande pour modéliser des fractions en tant que division.

c. Si le gymnase peut accueillir deux niveaux à la fois, combien d'heures de récréation recevront-ils en 3 heures ?

**Lire**      **Dessiner**      **Écrire**



**Leçon 4 :**    Utiliser des diagrammes en bande pour modéliser des fractions en tant que division.



**EUREKA MATH**

Nom _________________________________________     Date _______________

1. Dessine un diagramme en bande pour résoudre. Exprime ta réponse sous forme de fraction. Montre la phrase de multiplication pour vérifier ta réponse. Le premier a été fait pour toi.

a. $1 \div 3 = \frac{1}{3}$

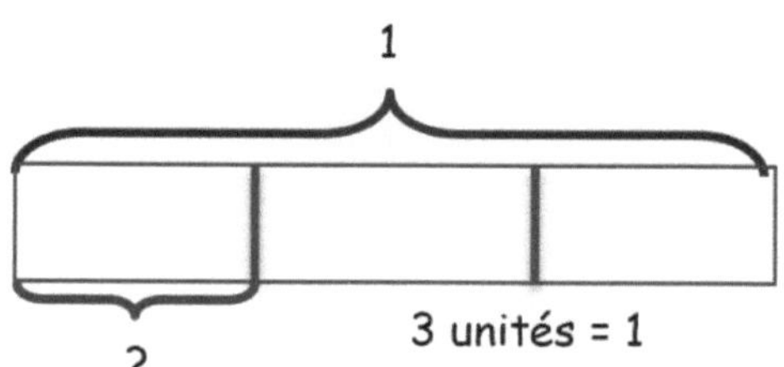

Vérifie :  $3 \times \frac{1}{3}$

$$= \frac{1}{3} + \frac{1}{3} + \frac{1}{3}$$

$$= \frac{3}{3}$$

$$= 1$$

b. $2 \div 3 = $ ___

c. $7 \div 5 = $ ___

d. $14 \div 5 = $ ___

2. Remplis le tableau. Le premier a été fait pour toi.

| Expression de division | Fraction | Entre quels deux nombres entiers est ta réponse ? | Algorithme standard |
|---|---|---|---|
| a.  $13 \div 3$ | $\dfrac{13}{3}$ | 4 et 5 | $3\,\overline{)\,13}$  →  $4\frac{1}{3}$, $-12$, reste $1$ |
| b.  $6 \div 7$ | | 0 et 1 | $7\,\overline{)\,6}$ |
| c.  ___ $\div$ ___ | $\dfrac{55}{10}$ | | |
| d.  ___ $\div$ ___ | $\dfrac{32}{40}$ | | $40\,\overline{)\,32}$ |



Leçon 4 :  Utiliser des diagrammes en bande pour modéliser des fractions en tant que division.



EUREKA MATH

3.  Greg a dépensé $4 sur 5 paquets de cartes de sport.

    a.  Combien Greg a-t-il dépensé pour chaque paquet ?

    b.  Si Greg a dépensé la moitié moins d'argent et acheté deux fois plus de paquets de cartes, combien a-t-il dépensé pour chaque paquet ? Explique ton raisonnement.

4.  Cinq livres de graines pour oiseaux sont utilisées pour remplir 4 mangeoires à oiseaux identiques.

    a.  Quelle fraction des graines pour oiseaux sera nécessaire pour remplir chaque mangeoire ?

    b.  Combien de livres de graines pour oiseaux sont utilisées pour remplir chaque mangeoire ? Dessine un diagramme à bande pour montrer ton raisonnement.

    c.  Combien d'onces de graines pour oiseaux sont utilisées pour remplir trois mangeoires à oiseaux ?

Leçon 4 :     Utiliser des diagrammes en bande pour modéliser des fractions en tant que division.

Nom _______________________________________  Date _______________________

Matthew et ses 3 frères et sœurs désherbent un parterre de fleurs d'une superficie de 9 yards carrés. S'ils partagent le travail également, combien de yards carrés de parterre de fleurs chaque enfant devra-t-il désherber ? Utilise un diagramme à bande pour montrer ton raisonnement.

Nom _________________________________________     Date _______________________

1. Un total de 2 yards de tissu est utilisé pour fabriquer 5 oreillers identiques. Combien de tissu est utilisé pour chaque oreiller ?

2. Un cafè-glacier utilise 4 pintes de crème glacée pour faire 6 sundaes. Combien de pintes de glace sont utilisées pour chaque sundae ?

3. Un cafè-glacier utilise 6 bananes pour faire 4 coupes de glace sundae identiques. Combien de bananes sont utilisées dans chaque sundae ? Utilise un diagramme à bande pour montrer ton travail.

**Leçon 5 :**   Résoudre des problèmes impliquant la division de nombres entiers avec des réponses sous forme de fractions ou de nombres entiers.

4. Julian doit lire 4 articles pour l'école. Il a 8 nuits pour les lire. Il décide de lire le même nombre d'articles chaque soir.

   a. Combien d'articles devra-t-il lire par nuit ?

   b. Quelle fraction de la tâche de lecture lira-t-il chaque soir ?

5. 40 élèves ont partagé 5 pizzas à parts égales. Quelle quantité de pizza chaque élève recevra-t-il ? Quelle fraction de la pizza chaque élève a-t-il reçu ?

6. Lillian avait 2 bouteilles de soda de deux litres, qu'elle a distribué également entre 10 verres.

   a. Quelle quantité de soda se trouvait dans chaque verre ? Exprime ta réponse sous forme de fraction d'un litre.

b.   Exprime ta réponse sous forme de fraction de litres.

c.   Exprime ta réponse sous la forme d'un nombre entier de millilitres.

7.   La famille Calef aime pagayer le long de la rivière Susquehanna.

   a.   Ils ont pagayé sur la même distance chaque jour pendant 3 jours, parcourant un total de 14 miles. Combien de kilomètres parcouraient-ils chaque jour ? Montre ton raisonnement dans un diagramme à bande.

   b.   Si les Calef parcouraient la moitié de leur distance quotidienne chaque jour mais prolongèrent leur voyage à deux fois plus de jours, quelle distance ont-ils parcourue ?

Nom _______________________________   Date _______________

Une sauterelle a parcouru une distance de 5 yards en 9 sauts égaux. Combien de yards la sauterelle a-t-elle parcourue à chaque saut ?

    a.   Fais un dessin pour appuyer ta réponse.

    b.   Combien de yards la sauterelle a-t-elle parcourue après avoir sauté deux fois ?

**EUREKA MATH**

**Leçon 5 :**    Résoudre des problèmes impliquant la division de nombres entiers avec des réponses sous forme de fractions ou de nombres entiers.

Olivia a la moitié de l'âge de son frère, Adam. La sœur d'Olivia, Ava, est deux fois plus âgée qu'Adam. Adam a 4 ans. Quel âge a chaque frère et sœur ? Utilise un diagramme en bande pour montrer ton raisonnement.

**Lire**      **Dessiner**      **Écrire**

Nom _______________________________________     Date _________________________

1.  Trouve la valeur de chacun des éléments suivants.

a.

$\frac{1}{3}$ de 9 =

$\frac{2}{3}$ de 9 =

$\frac{3}{3}$ de 9 =

b.

$\frac{1}{3}$ de 15 =

$\frac{2}{3}$ de 15 =

$\frac{3}{3}$ de 15 =

c.

$\frac{1}{5}$ de 20 =

$\frac{4}{5}$ de 20 =

$\frac{\phantom{0}}{5}$ de 20 = 20

d.

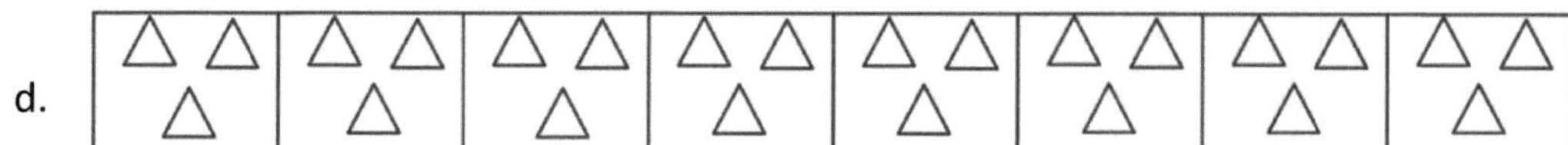

$\frac{1}{8}$ de 24 =

$\frac{6}{8}$ de 24 =

$\frac{3}{8}$ de 24 =

$\frac{7}{8}$ de 24 =

$\frac{4}{8}$ de 24 =

Leçon 6 :    Rattacher des fractions comme une division à une fraction d'une série.

157

2. Trouve $\frac{4}{7}$ de 14. Dessine un ensemble et grise-le pour montrer ton raisonnement.

3. Comment savoir le $\frac{1}{8}$ de 24 t'aide-t-il à trouver les trois huitièmes de 24 ? Dessine une image pour montrer ton raisonnement.

4. Il y a 32 élèves dans une classe. De la classe, $\frac{3}{8}$ des élèves apportent leurs propres repas. Combien d'élèves apportent leur déjeuner ?

5. Jack a collecté 18 billets de dix dollars tout en vendant des billets pour un spectacle. Il a donné $\frac{1}{6}$ des billets au théâtre et a gardé le reste. Combien d'argent a-t-il gardé ?



Leçon 6 :  Rattacher des fractions comme une division à une fraction d'une série.

Nom _________________________________________   Date _______________________

1. Trouve la valeur de chacun des éléments suivants.

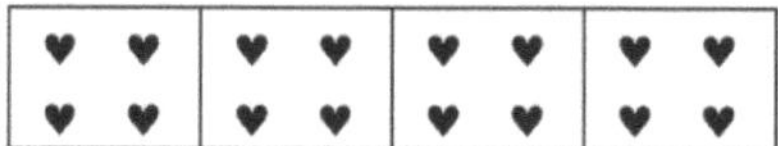

a. $\frac{1}{4}$ de $16 =$

b. $\frac{3}{4}$ de $16 =$

2. Sur 18 biscuits, $\frac{2}{3}$ sont aux pépites de chocolat. Quel nombre de biscuits sont aux pépites de chocolat ?

M. Peterson a acheté une caisse (24 boîtes) de jus de fruits. Un tiers des boissons étaient du raisin et deux tiers de l'airelle. Combien de boîtes de chaque saveur M. Peterson a-t-il achetées ? Montre ton travail à l'aide d'un diagramme en bande ou d'une matrice.

**Lire**      **Dessiner**      **Écrire**

Nom _________________________________     Date _______________

1. Résous à l'aide d'un diagramme en bande.

    a.   $\frac{1}{3} \times 18$                      b.   $\frac{1}{2} \times 36$

    c.   $\frac{3}{4} \times 24$                     d.   $\frac{3}{8} \times 24$

    e.   $\frac{4}{5} \times 25$                     f.   $\frac{1}{7} \times 140$

    g.   $\frac{1}{4} \times 9$                       h.   $\frac{2}{5} \times 12$

    i.   $\frac{2}{3}$ d'un nombre est 10. Quel est le nombre ?     j.   $\frac{3}{4}$ d'un nombre est 24. Quel est le nombre ?



EUREKA MATH®

2.  Résous en utilisant des diagrammes en bande.

   a.  Il y a 48 élèves qui partent en excursion. Un quart sont des filles. Combien de garçons participent
       à cette excursion ?

   b.  Trois angles sont étiquetés ci-dessous avec des arcs. Le plus petit angle est $\frac{3}{8}$ aussi grand que l'angle
       de 160°. Trouve la valeur de l'angle a.

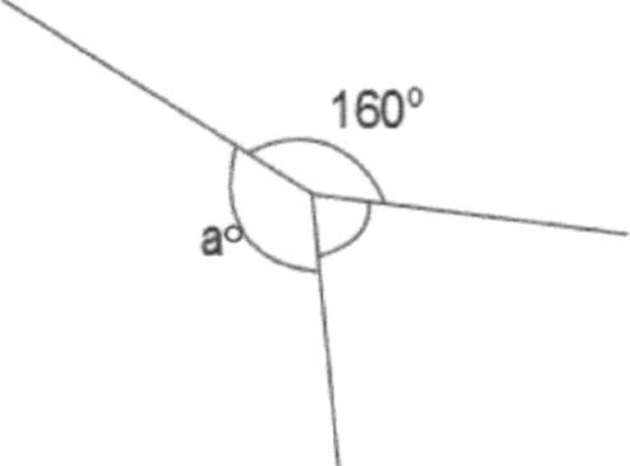


   c.  Abbie a dépensé $\frac{5}{8}$ de son argent et a économisé le reste. Si elle a dépensé $45, combien d'argent
       avait-elle au début ?

   d.  Mme Harrison a utilisé 16 onces de chocolat noir pendant la cuisson. Elle a utilisé $\frac{2}{5}$ du chocolat
       pour faire  un glaçage et a utilisé le reste pour faire des brownies. Combien de chocolat en plus Mme
       Harrison a-t-elle utilisé dans les brownies que dans le glaçage ?

       Leçon 7 :      Multiplier un nombre entier par une fraction à l'aide de diagrammes en bande.        EUREKA
                                                                                                         MATH

Nom _______________________________     Date _______________

Résous à l'aide d'un diagramme en bande.

a.  $\frac{3}{5}$ de 30

b.  $\frac{3}{5}$ d'un nombre est 30. Quel est le nombre ?

c.  Mme Johnson a fait cuire 2 douzaines de biscuits. Les deux tiers des biscuits ont été faits avec de la farine d'avoine. Combien de biscuits à l'avoine Mme Johnson a-t-elle cuisinés ?

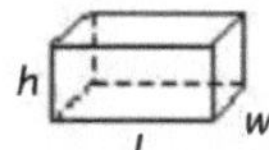

## Feuille de référence en mathématiques de 5e année

### FORMULES

Prisme rectangulaire droit

Volume = *lwh*
Volume = *Bh*

### CONVERSIONS

1 centimètre = 10 millimètres
1 mètre = 100 centimètres = 1000 millimètres
1 kilomètre = 1000 mètres

1 gramme = 1000 milligrammes
1 kilogramme = 1 000 grammes

1 livre = 16 onces
1 tonne = 2000 livres

1 tasse = 8 onces liquides
1 pinte = 2 tasses
1 quart = 2 pintes
1 gallon = 2 litres

1 litre = 1000 millilitres
1 kilolitre = 1000 litres

1 mile = 5 280 pieds
1 mile = 1760 verges

Leçon 8 :  Rattacher une fraction d'un ensemble à l'interprétation d'addition répétée de la multiplication par fraction

Sasha organise la galerie d'art dans le centre communautaire de sa ville. Ce mois-ci, elle a 24 nouvelles œuvres à ajouter à la galerie. Parmi les nouvelles œuvres, $\frac{1}{6}$ sont des photographies, et $\frac{2}{3}$ sont des tableaux. Combien de tableaux y a-t-il de plus que de photos ?

**Lire**        **Dessiner**        **Écrire**

Leçon 8 :    Rattacher une fraction d'un ensemble à l'interprétation d'addition répétée de la multiplication par fraction

**169**

Nom _______________________________________________    Date _______________

1. Laura et Sean trouvent le produit de $\frac{2}{3} \times 4$ en utilisant différentes méthodes.

   *Laura :* C'est 2 tiers de 4.                 *Sean :* C'est 4 groupes de 2 tiers.

   $$\frac{2}{3} \times 4 = \frac{4}{3} + \frac{4}{3} = 2 \times \frac{4}{3} = \frac{8}{3} \qquad\qquad \frac{2}{3} + \frac{2}{3} + \frac{2}{3} + \frac{2}{3} = 4 \times \frac{2}{3} = \frac{8}{3}$$

   Utilise des mots, des images ou des nombres pour comparer leurs méthodes dans l'espace ci-dessous.

2. Réécris les expressions d'addition suivantes sous forme de fractions, comme indiqué dans l'exemple.

   Exemple : $\frac{2}{3} + \frac{2}{3} + \frac{2}{3} + \frac{2}{3} = \frac{4 \times 2}{3} = \frac{8}{3}$

   a. $\frac{7}{4} + \frac{7}{4} + \frac{7}{4} =$             b. $\frac{14}{5} + \frac{14}{5} =$             c. $\frac{4}{7} + \frac{4}{7} + \frac{4}{7} =$

3. Résous et modélise chaque problème sous forme de fraction d'un ensemble et sous forme d'addition répétée.

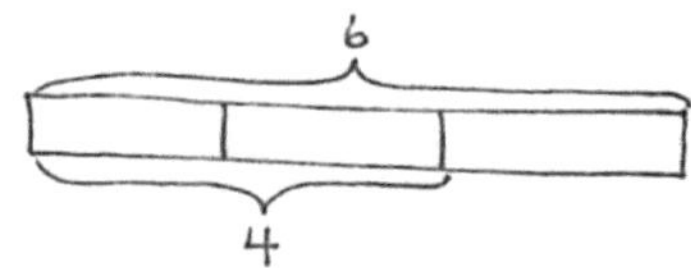 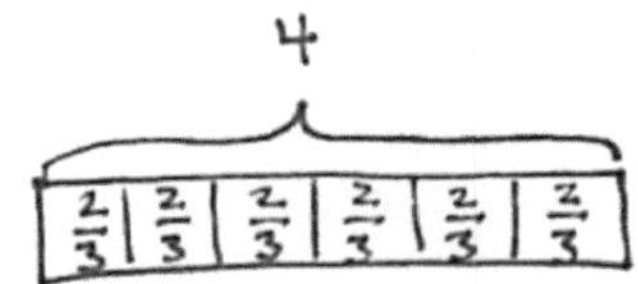

   Exemple : $\frac{2}{3} \times 6 = 2 \times \frac{6}{3} = 2 \times 2 = 4$        $6 \times \frac{2}{3} = \frac{6 \times 2}{3} = 4$

   a. $\frac{1}{2} \times 8$                      $8 \times \frac{1}{2}$

   b. $\frac{3}{5} \times 10$                   $10 \times \frac{3}{5}$



**Leçon 8 :**    Rattacher une fraction d'un ensemble à l'interprétation d'addition répétée de la multiplication par fraction      **171**

4. Résous chaque problème de deux manières différentes, comme modélisé dans l'exemple.

Exemple : $6 \times \frac{2}{3} = \frac{6 \times 2}{3} = \frac{3 \times 2 \times 2}{3} = \frac{3 \times 4}{3} = 4$        $6 \times \frac{2}{3} = \frac{\overset{2}{\cancel{6}} \times 2}{\underset{1}{\cancel{3}}} = 4$

a.   $14 \times \frac{3}{7}$        $14 \times \frac{3}{7}$

b.   $\frac{3}{4} \times 36$        $\frac{3}{4} \times 36$

c.   $30 \times \frac{13}{10}$        $30 \times \frac{13}{10}$

d.   $\frac{9}{8} \times 32$        $\frac{9}{8} \times 32$

5.   Résous chaque problème comme tu le souhaites.

a.   $\frac{1}{2} \times 60$        $\frac{1}{2}$ minute = ___________ seconds

b.   $\frac{3}{4} \times 60$        $\frac{3}{4}$ heure = ___________ minutes

c.   $\frac{3}{10} \times 1,000$        $\frac{3}{10}$ kilogramme = ___________ grammes

d.   $\frac{4}{5} \times 100$        $\frac{4}{5}$ mètre = _________ centimètres



Leçon 8 :    Rattacher une fraction d'un ensemble à l'interprétation d'addition répétée de la multiplication par fraction



EUREKA
MATH

Nom _______________________________     Date _______________

Résous chaque problème de deux manières différentes, comme modélisé dans l'exemple.

Exemple : $\dfrac{2}{3} \times 6 = \dfrac{2 \times 6}{3} = \dfrac{12}{3} = 4$        $\dfrac{2}{3} \times 6 = \dfrac{2 \times \cancel{6}^{2}}{\cancel{3}_{1}} = 4$

a.  $\dfrac{2}{3} \times 15$        $\dfrac{2}{3} \times 15$

b.  $\dfrac{5}{4} \times 12$        $\dfrac{5}{4} \times 12$

---

**Leçon 8 :**    Rattacher une fraction d'un ensemble à l'interprétation d'addition répétée de la multiplication par fraction    **173**

Il y a 42 personnes dans un musée. Les deux tiers d'entre elles sont des enfants. Combien d'enfants sont au musée ?

**Extension :** Si 13 des enfants sont des filles, combien de garçons de plus que de filles sont au musée ?

Lire        Dessiner        Écrire

Nom _______________________________________     Date _______________________

1. Convertis. Montre ton travail à l'aide d'un diagramme en bande ou d'une équation. Le premier a été fait pour toi.

---

a. $\frac{1}{2}$ yard = _____ $1\frac{1}{2}$ _____ pieds

$\frac{1}{2}$ yard $= \frac{1}{2} \times 1$ yard

$\qquad = \frac{1}{2} \times 3$ pieds

$\qquad = \frac{3}{2}$ pieds

$\qquad = 1\frac{1}{2}$ pieds

---

b. $\frac{1}{3}$ pied = _____ pouces

$\frac{1}{3}$ pied $= \frac{1}{3} \times 1$ pied

$\qquad = \frac{1}{3} \times 12$ pouces

$\qquad =$

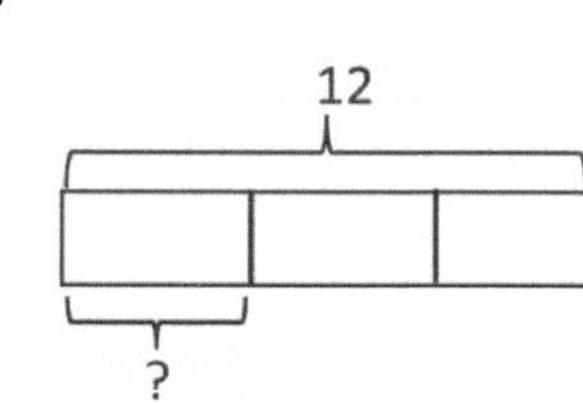

---

c. $\frac{5}{6}$ an = _______ mois

---

d. $\frac{4}{5}$ mètre = _______ centimètres

---

e. $\frac{2}{3}$ heure = _______ minutes

---

f. $\frac{3}{4}$ yard = _______ pouces

---

Leçon 9 :     Trouver une fraction d'une mesure et résoudre des problèmes.     **177**

2.  Mme Lang a dit à sa classe que le hamster domestique de la classe mesurait $\frac{1}{4}$ ft de longueur. Quelle est la longueur du hamster en pouces ?

3.  Au marché, M. Paul a acheté $\frac{7}{8}$ lb de noix de cajou et $\frac{3}{4}$ lb de noix.

    a.  Combien d'onces de noix de cajou M. Paul a-t-il achetées ?

    b.  Combien d'onces de noix M. Paul a-t-il achetées ?

    c.  Combien d'onces de noix de cajou de plus que de noix M. Paul a-t-il achetées ?

    d.  Si Mme Toombs a acheté $1\frac{1}{2}$ pounds de pistaches, qui a acheté plus d'anacardiacées, M. Paul ou Mme Toombs ? Combien d'onces en plus ?

4.  Une fabricante de bijoux a acheté 20 pouces de chaîne en or. Elle a utilisé $\frac{3}{8}$ de la chaîne pour un bracelet. Combien de pouces de chaîne en or lui reste-t-il ?



Leçon 9 :   Trouver une fraction d'une mesure et résoudre des problèmes.

Nom _______________________________________    Date _______________________

1. Exprime 36 minutes en une fraction d'heure : 36 minutes = _________ heure

2. Résous.

   a. $\frac{2}{3}$ pieds = _________ pouces    b. $\frac{2}{5}$ m = _________ cm    c. $\frac{5}{6}$ an = _________ mois

Copyright © Great Minds PBC

Bridget a $240. Elle a dépensé $\frac{3}{5}$ de son argent et a économisé le reste. Combien d'argent a-t-elle dépensé de plus que économisé ?

**Lire**      **Dessiner**      **Écrire**

Leçon 10 :    Comparer et évaluer les expressions entre parenthèses.

Nom _________________________________     Date _________________

1. Écris des expressions correspondant aux diagrammes. Puis, évalue.

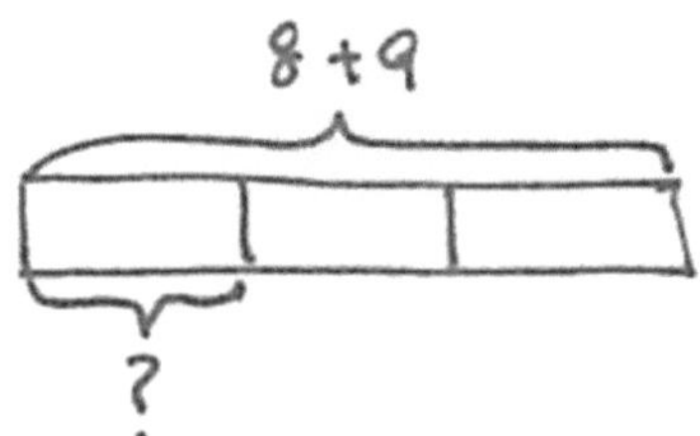


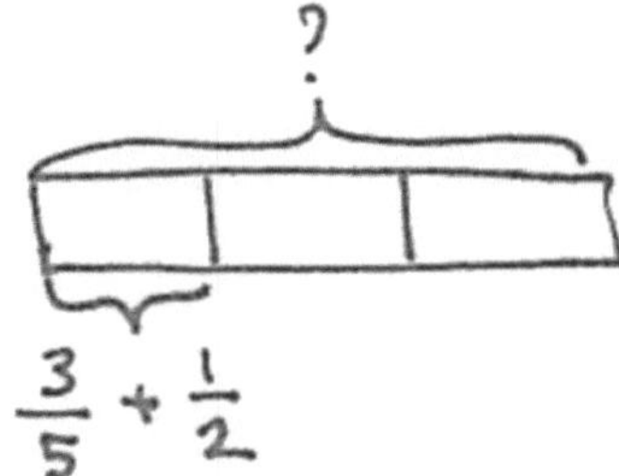


2. Écris une expression pour faire correspondre, puis évalue.

    a.   $\frac{1}{6}$ la somme de 16 et 20

    b.   Soustrais 5 de $\frac{1}{3}$ de 23.

    c.   3 fois plus que la somme de $\frac{3}{4}$ et $\frac{2}{6}$

    d.   $\frac{2}{5}$ du produit de $\frac{5}{6}$ et 42

    e.   8 copies de la somme de 4 tiers et 2 autres

    f.   4 fois plus que 1 tiers de 8

---

**EUREKA MATH**®     **Leçon 10 :**    Comparer et évaluer les expressions entre parenthèses.     **183**

3. Entoure les expressions qui donnent le même produit que $\frac{4}{5} \times 7$.. Explique comment tu le sais.

$4 \div (7 \times 5)$      $7 \div 5 \times 4$      $(4 \times 7) \div 5$      $4 \div (5 \times 7)$      $4 \times \frac{7}{5}$      $7 \times \frac{4}{5}$

4. Utilise <, >, ou = pour faire des phrases numériques correctes sans calculer. Explique ton raisonnement.

a.   $4 \times 2 + 4 \times \frac{2}{3}$      $3 \times \frac{2}{3}$

b.   $\left(5 \times \frac{3}{4}\right) \times \frac{2}{5}$      $\left(5 \times \frac{3}{4}\right) \times \frac{2}{7}$

c.   $3 \times \left(3 + \frac{15}{12}\right)$      $(3 \times 3) + \frac{15}{12}$

     Leçon 10 :     Comparer et évaluer les expressions entre parenthèses.



EUREKA MATH

5. Collette s'achète du lait pour elle-même chaque mois et enregistre la quantité dans le tableau ci-dessous. Pour (a)–(c), écris une expression qui enregistre le calcul décrit. Puis, résous pour trouver les données manquantes dans le tableau

.

a. Elle a acheté $\frac{1}{4}$ du total de juillet en juin.

b. Elle a acheté $\frac{3}{4}$ autant en septembre qu'en janvier et juillet combinés.

c. En avril, elle a acheté $\frac{1}{2}$ gallons de moins que deux fois plus qu'elle avait acheté en août.

| Mois | Quantité (en gallons) |
|---|---|
| Janvier | 3 |
| Février | 2 |
| Mars | $1\frac{1}{4}$ |
| Avril | |
| Mai | $\frac{7}{4}$ |
| Juin | |
| Juillet | 2 |
| Août | 1 |
| Septembre | |
| Octobre | $\frac{1}{4}$ |

d. Affiche les données du tableau dans un graphique linéaire.

e. Combien de gallons de lait Collette a-t-elle achetés de janvier à octobre ?

Nom _______________________________________     Date _______________________

1. Réécris ces expressions à l'aide de mots.

   a.  $\frac{3}{4} \times \left(2\frac{2}{5} - \frac{5}{6}\right)$

   b.  $2\frac{1}{4} + \frac{8}{3}$

3. Écris une expression et résous-la.

   Trois de moins qu'un quart du produit de huit tiers et neuf

**Leçon 10 :**   Comparer et évaluer les expressions entre parenthèses.   **187**

Nom _______________________________________     Date _______________________

1.  Kim et Courtney partagent une boîte de 16 onces de céréales. À la fin de la semaine, Kim a mangé $\frac{3}{8}$ de la boîte, et Courtney a mangé $\frac{1}{4}$ de la boîte de céréales. Quelle fraction de la boîte reste-t-il ?

2.  Mathilde a 20 pintes de peinture verte. Elle en utilise $\frac{2}{5}$ pour peindre un paysage et $\frac{3}{10}$ pour peindre un trèfle. Elle décide que, pour son prochain tableau, elle aura besoin de 14 pintes de peinture verte. Combien de peinture en plus devra-t-elle acheter ?

Leçon 11 :  Résoudre et créer des problèmes de fraction impliquant l'addition, la soustraction et la multiplication.

**189**

3.  Jack, Jill et Bill descendaient de la colline munis chacun d'un seau de 48 onces rempli d'eau. Quand ils ont fini leur descente, le seau de Jack était seulement $\frac{3}{4}$ plein, celui de Jill était $\frac{2}{3}$ plein et celui de Bill était $\frac{1}{6}$ plein. Combien d'eau ont-ils perdu en tout en descendant la colline ?

4.  Mme Diaz prépare 5 douzaines de biscuits pour sa classe. Un neuvième de ses 27 élèves est absent le jour où elle apporte les biscuits. Si elle partage les cookies à parts égales entre les élèves présents, combien de biscuits chaque élève recevra-t-il ?

5.  Crée le scénario d'un problème au sujet d'un aquarium pour le diagramme ci-dessous. Ton scénario doit inclure une fraction.

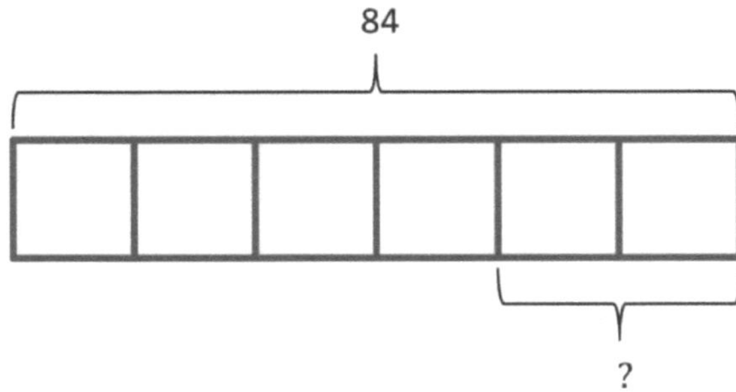


   **Leçon 11 :**   Résoudre et créer des problèmes de fraction impliquant l'addition, la soustraction et la multiplication.

EUREKA MATH

Nom _________________________________   Date _______________________

Utilise un diagramme en bande pour résoudre.

$\frac{2}{3}$ de 5

Remplis le tableau.

| | |
|---|---|
| $\frac{2}{3}$ yard | __________ pied(s) |
| 4 livres | __________ once(s) |
| 8 tonnes | __________ livre(s) |
| $\frac{3}{4}$ gallon | __________ quart(s) |
| $\frac{5}{12}$ year | __________ mois |
| $\frac{4}{5}$ heure | __________ minute(s) |

**Lire**       **Dessiner**       **Écrire**

Leçon 12 :    Résoudre et créer des problèmes de fraction impliquant l'addition, la soustraction et la multiplication.

Nom _______________________________     Date _______________

1. Une équipe de baseball a disputé 32 matchs et en a perdu 8. Katy était la receveuse dans $\frac{5}{8}$ des matchs gagnants et $\frac{1}{4}$ des matchs perdants.

   a. Quelle fraction des matchs l'équipe a-t-elle gagnée ?

   b. Dans combien de parties Katy a-t-elle été la receveuse ?

2. Dans le jardin de Mme Elliott, $\frac{1}{8}$ des fleurs sont rouges, $\frac{1}{4}$ d'entre elles sont violettes et $\frac{1}{5}$ des fleurs restantes sont roses. S'il y a 128 fleurs en tout, combien de fleurs sont roses ?

3. Lillian et Darlene prévoient de terminer leurs devoirs dans l'heure. Darlene termine ses devoirs de mathématiques en $\frac{3}{5}$ heure. Lillian termine ses devoirs de mathématiques avec $\frac{5}{6}$ heure restantes. Qui termine ses devoirs le plus rapidement et de combien de minutes ?

   Bonus : donne la réponse sous forme de fraction d'heure.

4. Crée et résous le scénario d'un problème sur un boulanger et de la farine dont la solution est donnée par l'expression $\frac{1}{4} \times (3 + 5)$.



Leçon 12 :  Résoudre et créer des problèmes de fraction impliquant l'addition, la soustraction et la multiplication.

5. Crée et résous le scénario d'un problème sur un boulanger et 36 kilogrammes d'un ingrédient qui est modélisé par le diagramme en bande suivant. Ton scénario doit inclure au moins une fraction.

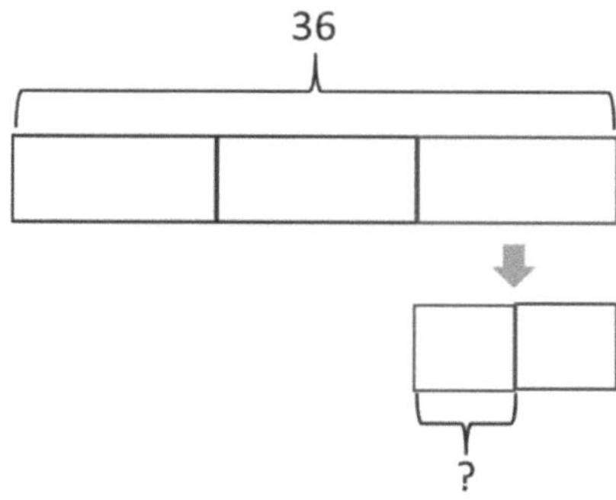

6. Parmi les élèves de la classe de cinquième année de M. Smith, $\frac{1}{3}$ étaient absents lundi. Parmi les élèves de la classe de Mme Jacobs, $\frac{2}{5}$ étaient absents lundi. S'il y avait 4 élèves absents dans chaque classe le lundi, combien d'élèves y a-t-il dans chaque classe ?

199

Nom _________________________________    Date _________________

Dans une salle de classe, $\frac{1}{6}$ des élèves portent des chemises bleues et $\frac{2}{3}$ des chemises blanches. Il y a 36 élèves dans la classe. Combien d'élèves portent une chemise autre que bleue ou blanche ?

Nom ___________________________________   Date _______________

1. Résoudre. Dessine un modèle de fraction rectangulaire pour montrer ton raisonnement. Puis, écris une phrase de multiplication. Le premier a été fait pour toi.

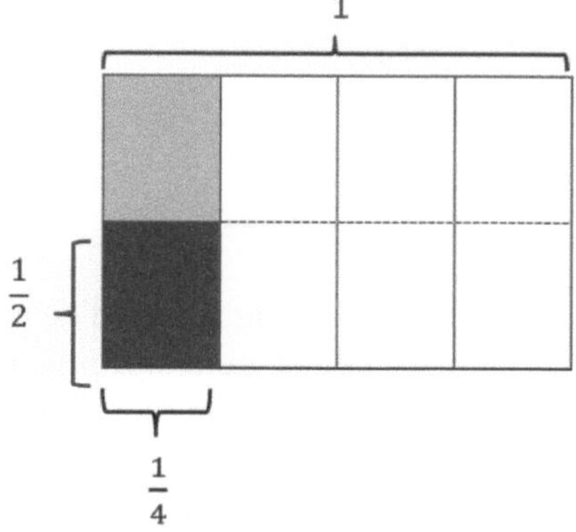


a. La moitié de $\frac{1}{4}$ moule de brownies = ___$\frac{1}{8}$___ moule de brownies.

$$\frac{1}{2} \times \frac{1}{4} = \frac{1}{8}$$

b. La moitié de $\frac{1}{3}$ moule de brownies = ______ moule de brownies.

c. Un quart de $\frac{1}{3}$ moule de brownies = ______ moule de brownies.

d. $\frac{1}{4}$ de $\frac{1}{4}$

e. $\frac{1}{2}$ de $\frac{1}{6}$

**Leçon 13 :**   Multiplier des fractions unitaires par des fractions unitaires.   **201**

2. Dessine les modèles de fraction rectangulaire de $3 \times \frac{1}{4}$ et $\frac{1}{3} \times \frac{1}{4}$. Compare en multipliant un nombre par 3 et par 1 tiers.

3. $\frac{1}{2}$ de l'espace de travail d'Ila est recouvert de paperasse. $\frac{1}{3}$ de la paperasse est recouverte de notes autocollantes jaunes. Quelle fraction de de l'espace de travail d'Ila est recouvert de notes autocollantes jaunes ? Fais un dessin pour appuyer ta réponse.

4. Une fanfare répète en formation rectangulaire. $\frac{1}{5}$ des membres de la fanfare jouent des instruments de percussion. $\frac{1}{2}$ des percussionnistes jouent du tambour. Quelle fraction de tous les membres de la bande jouent du tambour ?

5. Marie conçoit un couvre-lit pour la nouvelle chambre de son petit-fils. $\frac{2}{3}$ du couvre-lit est couvert de voitures de course, et le reste est rayé. $\frac{1}{4}$ des rayures sont rouges. Quelle fraction du couvre-lit est couverte de rayures rouges ?



Leçon 13 :     Multiplier des fractions unitaires par des fractions unitaires.

**EUREKA MATH**

Nom _______________________________________  Date _______________

1. Résous. Dessine un modèle de fraction rectangulaire, et écris une phrase numérique pour montrer ton raisonnement.

   $\frac{1}{3} \times \frac{1}{3} =$

2. Mme Sheppard coupe $\frac{1}{2}$ d'un morceau de papier de construction. Elle utilise $\frac{1}{6}$ du morceau pour faire une fleur. Quelle fraction de la feuille de papier utilise-t-elle pour fabriquer la fleur ?

Leçon 13 :     Multiplier des fractions unitaires par des fractions unitaires.

Résous en dessinant le modèle de fraction rectangulaire et en écrivant une phrase numérique de multiplication. Beth avait $\frac{1}{4}$ boîte de bonbons. Elle a mangé $\frac{1}{2}$ des bonbons. Quelle fraction de la boîte entière lui reste-t-elle ?

**Extension :** Si Beth décide de remplir la boîte à nouveau, quelle fraction de la boîte devrait être remplie ?

---

---

---

---

**Lire**        **Dessiner**        **Écrire**

Leçon 14 :     Multiplier des fractions unitaires par des fractions non unitaires.

Nom _______________________________________      Date _______________________

1. Résoudre. Dessine un modèle de fraction rectangulaire pour expliquer ton raisonnement. Ensuite, écris une phrase numérique. Un exemple a déjà été fait pour toi.

Exemple :

$\frac{1}{2}$ de $\frac{2}{5}$ = $\frac{1}{2}$ de 2 cinquièmes = 1 cinquième(s)

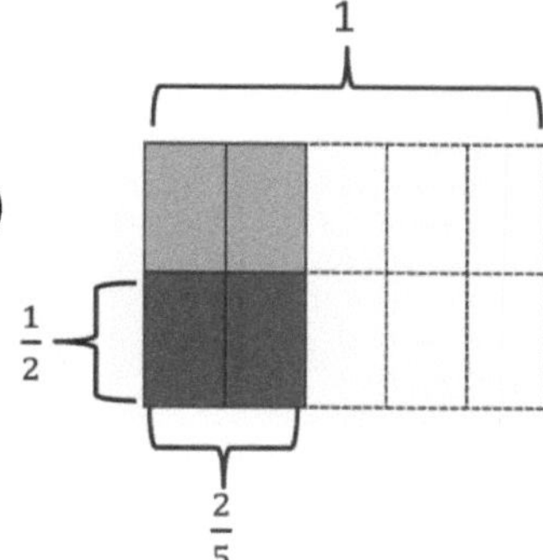

$$\frac{1}{2} \times \frac{2}{5} = \frac{2}{10} = \frac{1}{5}$$

a. $\frac{1}{3}$ de $\frac{3}{4} = \frac{1}{3}$ de _____ quatrième(s) = _____ quatrième(s)

b. $\frac{1}{2}$ de $\frac{4}{5} = \frac{1}{2}$ de _____ cinquième(s) = _____ cinquième(s)

c. $\frac{1}{2}$ de $\frac{2}{2} =$

d. $\frac{2}{3}$ de $\frac{1}{2} =$

e. $\frac{1}{2} \times \frac{3}{5} =$

f. $\frac{2}{3} \times \frac{1}{4} =$

2. $\frac{5}{8}$ des chansons du lecteur de musique de Harrison sont hip-hop. $\frac{1}{3}$ des morceaux restants sont du rythme et du blues.Quelle fraction de toutes les chansons est du rythme et du blues ? Utilise un diagramme en bande pour résoudre.

3. Les trois cinquièmes des élèves d'une classe sont des filles. Un tiers des filles ont les cheveux blonds. La moitié des garçons ont les cheveux bruns.

    a.   Quelle fraction de tous les élèves sont des filles aux cheveux blonds ?

    b.   Quelle fraction de tous les élèves sont des garçons aux cheveux bruns ?

4. Cody et Sam ont tondu la cour samedi. Leur papa a dit à Cody de tondre $\frac{1}{4}$ de la cour. Il a dit à Sam de tondre $\frac{1}{3}$ du reste de la cour. Leur papa a payé à chacun des garçons un montant égal. Sam a dit : « Papa, ce n'est pas juste ! J'ai dû tondre un tiers, et Cody n'en a tondu qu'un quart ! » Explique à Sam l'erreur dans son raisonnement. Fais un dessin pour appuyer ton raisonnement.





EUREKA MATH

Nom _________________________________________     Date _______________________

1. Résous. Dessine un modèle de fraction rectangulaire pour expliquer ton raisonnement. Ensuite, écris une phrase numérique.

$$\frac{1}{3} \text{ de } \frac{3}{7} =$$

2. Dans un pot à biscuits, $\frac{1}{4}$ des biscuits sont aux pépites de chocolat et $\frac{1}{2}$ du reste sont au beurre d'arachide. Quelle fraction de tous les biscuits est au beurre d'arachide ?

**Leçon 14 :**    Multiplier des fractions unitaires par des fractions non unitaires.     **209**

Kendra a dépensé $\frac{1}{3}$ de son argent de poche on pour un livre et $\frac{2}{5}$ pour une collation. S'il lui restait quatre dollars après avoir acheté un livre et une collation, quel était le montant total de son argent de poche ?

**Lire**          **Dessiner**          **Écrire**

Leçon 15 :    Multiplier des fractions non unitaires par des fractions non unitaires.                    211

Copyright © Great Minds PBC

Nom _______________________________________________     Date _______________________

1. Résoudre. Dessine un modèle de fraction rectangulaire pour expliquer ton raisonnement. Puis, écris une phrase de multiplication. Le premier a été fait pour toi.

a.  $\frac{2}{3}$ de $\frac{3}{5}$

$\frac{2}{3} \times \frac{3}{5} = \frac{6}{15} = \frac{2}{5}$

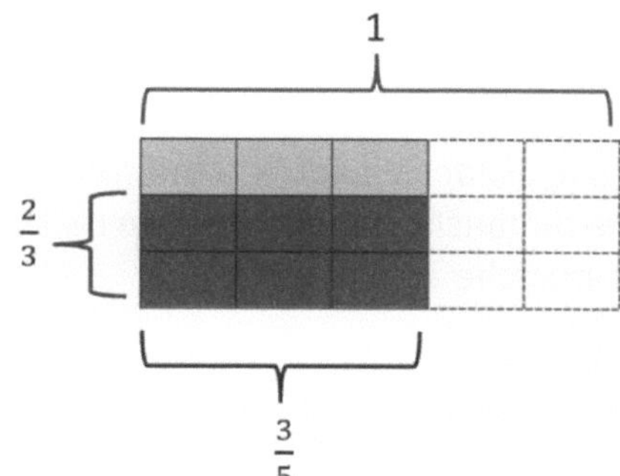

b.  $\frac{3}{5}$ de $\frac{4}{5} =$

c.  $\frac{2}{5}$ de $\frac{2}{3} =$

d.  $\frac{4}{5} \times \frac{2}{3} =$

e.  $\frac{3}{4} \times \frac{2}{3} =$

2. Multiplie. Dessine un modèle de fraction rectangulaire si cela t'aide ou utilise la méthode de l'exemple.

Exemple : $\frac{6}{7} \times \frac{5}{8} = \frac{\overset{3}{\cancel{6}} \times 5}{7 \times \underset{4}{\cancel{8}}} = \frac{15}{28}$

a.  $\frac{3}{4} \times \frac{5}{6}$

b.  $\frac{4}{5} \times \frac{5}{8}$

c. $\frac{2}{3} \times \frac{6}{7}$

d. $\frac{4}{9} \times \frac{3}{10}$

3. La famille de Phillip a parcouru $\frac{3}{10}$ de la distance jusqu'à la maison de sa grand-mère samedi. Ils ont parcouru $\frac{4}{7}$ de la distance restante le dimanche. Quelle fraction de la distance totale jusqu'à la maison de sa grand-mère a été parcourue dimanche ?

4. Santino a acheté un sac de $\frac{3}{4}$ livres de pépites de chocolat. Il a utilisé $\frac{2}{3}$ du sac pendant la cuisson. Combien de livres de pépites de chocolat a-t-il utilisées pendant la cuisson ?

5. Le fermier Dave a récolté son maïs. Il a stocké $\frac{5}{9}$ de son maïs dans un grand silo et $\frac{3}{4}$ du maïs restant dans un petit silo. Le reste a été mis sur le marché pour être vendu.

   a. Quelle fraction du maïs a été stockée dans le petit silo ?

   b. S'il a récolté 18 tonnes de maïs, combien de tonnes a-t-il mis sur le marché ?



Leçon 15 :    Multiplier des fractions non unitaires par des fractions non unitaires.

Nom _______________________________          Date _______________

1.  Résous. Dessine un modèle de fraction rectangulaire pour expliquer ton raisonnement. Puis, écris une phrase de multiplication.

a.  $\frac{2}{3}$ de $\frac{3}{5} =$

b.  $\frac{4}{9} \times \frac{3}{8} =$

2.  La page de couverture d'un journal est $\frac{3}{8}$ de texte, et les photographies remplissent le reste. Si $\frac{2}{5}$ du texte est un article sur  les espèces en voie de disparition, quelle fraction de la page de couverture est l'article sur les espèces en voie de disparition ?

Nom _______________________________________    Date _______________________

Résous et montre ton raisonnement dans un diagramme en bande.

1.  Mme Onusko a préparé 60 biscuits pour une vente de pâtisseries. Elle en a vendu $\frac{2}{3}$ et a donné $\frac{3}{4}$ des biscuits restants   aux élèves s'occupant de la vente. Combien de biscuits lui reste-t-il ?

2.  Joakim glace 30 cupcakes. I étale du glaçage à la menthe sur $\frac{1}{5}$ des cupcakes et du chocolat sur $\frac{1}{2}$ des cupcakes restants. Le reste sera glacé à la vanille. Combien de cupcakes ont un glaçage à la vanille ?

3.  Le Booster Club vend 240 cheeseburgers. $\frac{1}{4}$ des cheeseburgers contenaient des cornichons, $\frac{1}{2}$ des hamburgers restants contenaient des oignons et les autres contenaient des tomates. Combien de cheeseburgers contenaient de la tomate ?

Leçon 16 :    Résoudre les problèmes à l'aide de diagrammes en bande et de multiplication fraction par fraction.

217

4. DeSean trie sa collection de roches. $\frac{2}{3}$ des roches sont métamorphiques et $\frac{3}{4}$ du reste sont des roches ignées. Si les 3 roches restantes sont sédimentaires, combien de roches DeSean a-t-il en tout ?

5. Milan met $\frac{1}{4}$ de l'argent gagné à tondre le gazon dans ses économies et utilise $\frac{1}{2}$ de l'argent restant pour rembourser sa sœur. S'il lui reste $15, combien d'argent avait-elle au début ?

6. Parks porte plusieurs bracelets en caoutchouc. $\frac{1}{3}$ des bracelets sont tie-dye, $\frac{1}{6}$ sont bleu, et $\frac{1}{3}$ du reste sont de motif camouflage. Si Parks porte 2 bracelets de motif camouflage, combien de bracelets porte-t-il ?

7. Ahmed a dépensé $\frac{1}{3}$ de son argent pour un burrito et une bouteille d'eau. Le burrito coûte 2 fois plus cher que l'eau. Le burrito coûte $4. Combien d'argent reste-t-il à Ahmed ?







EUREKA MATH

Nom _________________________________     Date _______________________

Résous et montre ton raisonnement dans un diagramme en bande.

Les trois quarts des bateaux de la marina sont blancs, $\frac{4}{7}$ des bateaux restants sont bleus et les autres sont rouges.S'il y a 9 bateaux rouges, combien y a-t-il de bateaux dans la marina ?

Leçon 16 :   Résoudre les problèmes à l'aide de diagrammes en bande et de multiplication fraction par fraction.

219

Mme Casey note 4 tests pendant sa pause-déjeuner. Elle note $\frac{1}{3}$ du reste après la journée d'école. Si elle a encore 16 tests à noter après les cours, combien de tests y a-t-il ?

**Lire**          **Dessiner**          **Écrire**

Leçon 17 :     Rattacher la multiplication décimale et de fractions.          **221**

Nom _______________________________________  Date _______________

1. Multiplie et modélise. Réécris chaque expression comme une phrase de multiplication avec des facteurs décimaux. Le premier a été fait pour toi.

a. $\dfrac{1}{10} \times \dfrac{1}{10}$

   $= \dfrac{1 \times 1}{10 \times 10}$

   $= \dfrac{1}{100}$

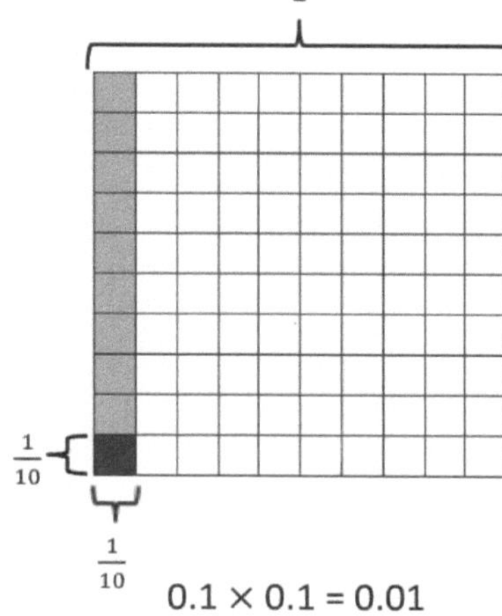

$0.1 \times 0.1 = 0.01$

b. $\dfrac{4}{10} \times \dfrac{3}{10}$

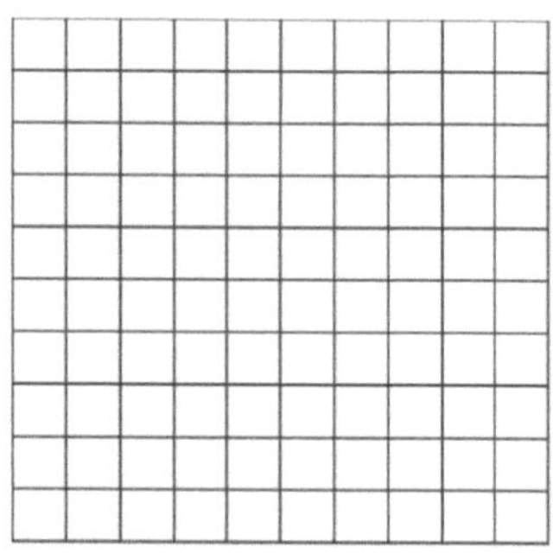

c. $\dfrac{1}{10} \times 1.4$

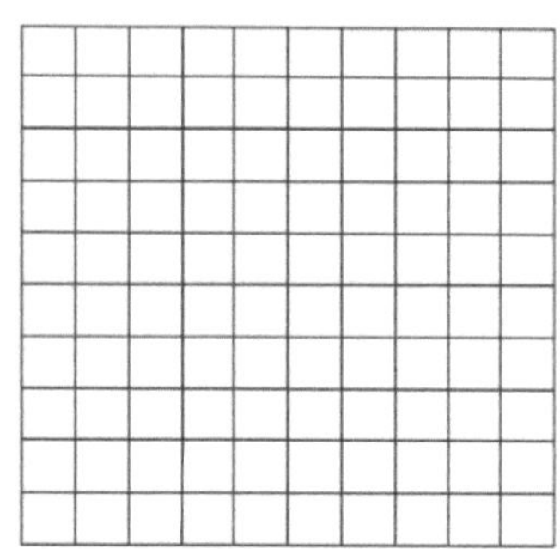
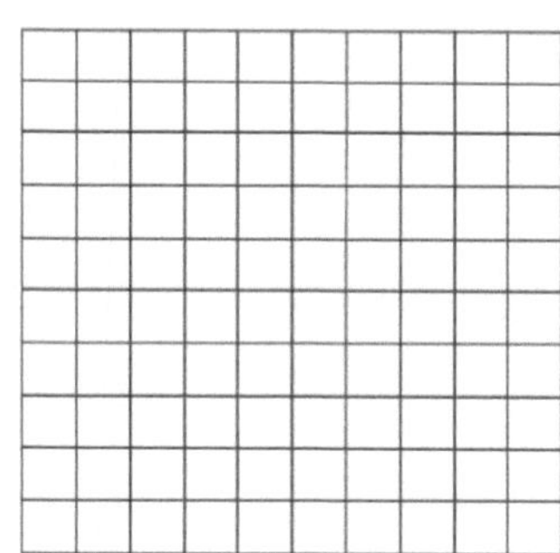

d. $\dfrac{6}{10} \times 1.7$

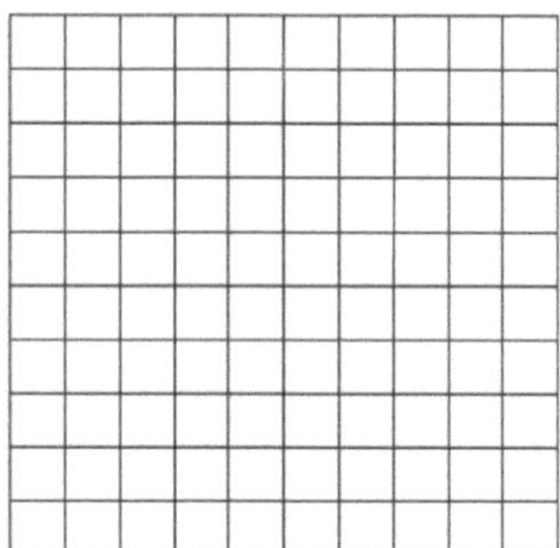
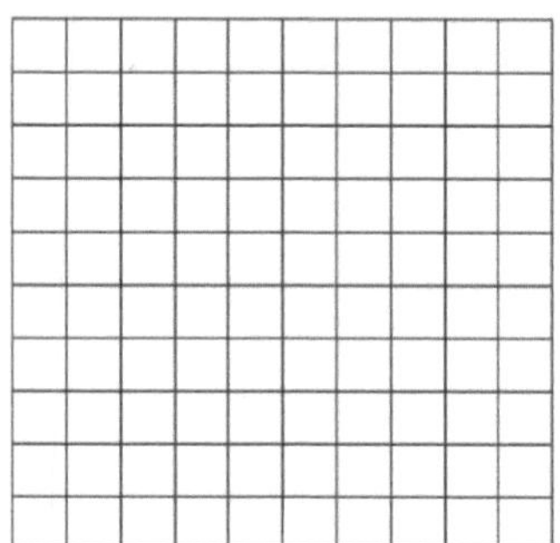



EUREKA MATH

2. Multiplie. La première a été commencée pour toi.

a. $5 \times 0.7 = \underline{\hspace{2cm}}$

$$= 5 \times \frac{7}{10}$$

$$= \frac{5 \times 7}{10}$$

$$= \frac{35}{10}$$

$$= 3.5$$

b. $0.5 \times 0.7 = \underline{\hspace{2cm}}$

$$= \frac{5}{10} \times \frac{7}{10}$$

$$= \frac{5 \times 7}{10 \times 10}$$

$$=$$

c. $0.05 \times 0.7 = \underline{\hspace{2cm}}$

$$= \frac{5}{100} \times \frac{7}{10}$$

$$= \frac{\underline{\hspace{0.4cm}} \times \underline{\hspace{0.4cm}}}{100 \times 10}$$

$$=$$

d. $6 \times 0.3 = \underline{\hspace{2cm}}$

e. $0.6 \times 0.3 = \underline{\hspace{2cm}}$

f. $0.06 \times 0.3 = \underline{\hspace{2cm}}$

g. $1.2 \times 4 = \underline{\hspace{2cm}}$

h. $1.2 \times 0.4 = \underline{\hspace{2cm}}$

i. $0.12 \times 0.4 = \underline{\hspace{2cm}}$

3. Un Boy Scout a une longueur de corde de 0.7 mètre. Il utilise 2 dixièmes de corde pour faire un nœud à une extrémité. Combien de mètres de corde y a-t-il dans le nœud ?

4. Après seulement 4 dixièmes d'une course de 2.5 miles, Lenox a pris la tête et y est resté jusqu'à la fin de la course.

a. Pour combien de miles Lenox a-t-il mené la course ?

b. Reid, le deuxième, a développé une crampe à 3 dixièmes de la course restante. Combien de miles Reid a-t-il parcouru sans crampe ?



Leçon 17 :    Rattacher la multiplication décimale et de fractions.



EUREKA MATH

Nom _________________________________  Date _________________

1. Multiplie et modélise. Réécris l'expression comme une phrase de multiplication avec des facteurs décimaux.

$\frac{1}{10} \times 1.2$

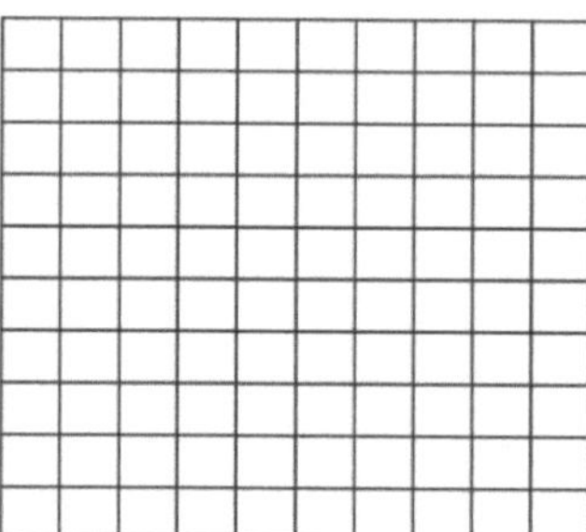 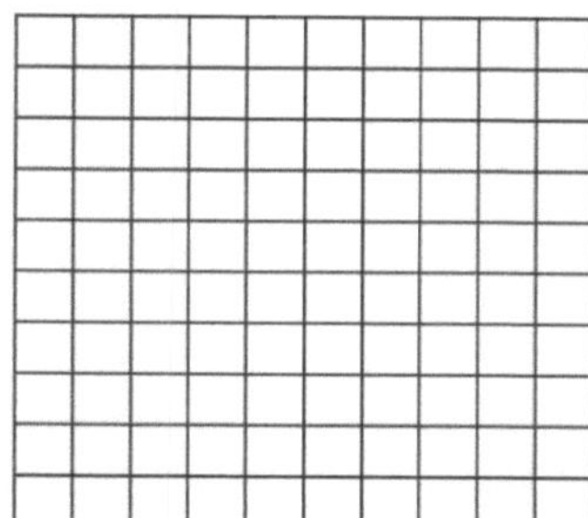

2. Multiplie.

a.  $1.5 \times 3 =$ _________

b.  $1.5 \times 0.3 =$ _________

c.  $0.15 \times 0.3 =$ _________

| 1,000,000 | 100,000 | 10,000 | 1 000 | 100 | 10 | 1 | • | $\frac{1}{10}$ | $\frac{1}{100}$ | $\frac{1}{1000}$ |
|---|---|---|---|---|---|---|---|---|---|---|
| Millions | Cent milliers | Dix milliers | Milliers | Centaines | Dizaines | Unités | • Dizaines | | Centièmes | Milliers |
| | | | | | | | • | | | |
| | | | | | | | • | | | |
| | | | | | | | • | | | |
| | | | | | | | • | | | |
| | | | | | | | • | | | |
| | | | | | | | • | | | |
| | | | | | | | • | | | |
| | | | | | | | • | | | |
| | | | | | | | • | | | |
| | | | | | | | • | | | |

tableau de valeur de position des millions aux millièmes

Leçon 17 :  Rattacher la multiplication décimale et de fractions.

Une femelle gorille adulte mesure 1.4 mètre en position debout. Sa fille mesure 3 dixièmes de sa taille. De combien de plus la jeune femelle gorille aura-t-elle besoin de grandir avant d'être aussi grande que sa mère ?

**Lire　　　　Dessiner　　　　Écrire**

Leçon 18 :　　　Rattacher la multiplication décimale et de fractions.

229

Nom _______________________________________    Date _______________

1.  Multiplie en utilisant à la fois la forme fractionnaire et la forme unitaire. Vérifie ta réponse en comptant les décimales. Le premier a été fait pour toi.

a.  $2.3 \times 1.8 = \frac{23}{10} \times \frac{18}{10}$

$= \frac{23 \times 18}{100}$

$= \frac{414}{100}$

$= 4.14$

```
        2  3 dixièmes
    ×   1  8 dixièmes
        1  8  4
    +   2  3  0
        4  1  4 centièmes
```

b.  $2.3 \times 0.9 =$

```
        2  3 dixièmes
    ×      9 dixièmes
```

c.  $6.6 \times 2.8 =$

d.  $3.3 \times 1.4 =$

2.  Multiplie en utilisant à la fois la forme fractionnaire et la forme unitaire. Vérifie ta réponse en comptant les décimales. Le premier a été fait pour toi.

a.  $2.38 \times 1.8 = \frac{238}{100} \times \frac{18}{10}$

$= \frac{238 \times 18}{1,000}$

$= \frac{4,284}{1,000}$

$= 4.284$

```
        2  3  8 centièmes
    ×      1  8 dixièmes
        1  9  0  4
    +   2  3  8  0
        4, 2  8  4 Millièmes
```

b.  $2.37 \times 0.9 =$

```
        2  3  7 centièmes
    ×         9 dixièmes
```

c.  $6.06 \times 2.8 =$

d.  $3.3 \times 0.14 =$



EUREKA MATH

3. Résous en utilisant l'algorithme standard. Montre ton raisonnement sur les unités de ton produit. Le premier a été fait pour toi.

a.  $3.2 \times 0.6 = 1.92$

b.  $3.2 \times 1.2 =$ _____________

$$\begin{array}{r} 3\ 2 \text{ dixièmes} \\ \times \quad 6 \text{ dixièmes} \\ \hline 1\ 9\ 2 \text{ centièmes} \end{array}$$

$$\frac{32}{10} \times \frac{6}{10} = \frac{32 \times 6}{100}$$

$$\begin{array}{r} 3\ 2 \text{ dixièmes} \\ \times \quad 1\ 2 \text{ dixièmes} \\ \hline \end{array}$$

c.  $8.31 \times 2.4 =$ _____________

d.  $7.50 \times 3.5 =$ _____________

4. Carolyn achète 1.2 livre de blanc de poulet. Si chaque livre de blanc de poulet coûte \$3.70, combien paiera-t-elle en tout pour le blanc de poulet ?

5. Une cuisine mesure 3.75 mètres sur 4.2 mètres.

a.  Trouve la superficie de la cuisine.

b.  La superficie du salon est une fois et demie celle de la cuisine. Trouve la superficie totale du salon et de la cuisine.

     **Leçon 18 :**    Rattacher la multiplication décimale et de fractions.

EUREKA MATH

Nom _______________________________     Date _______________

Multiplies. Fais au moins un problème en utilisant la forme unitaire et au moins un problème en utilisant la forme fractionnaire.

a.   $3.2 \times 1.4 =$

b.   $1.6 \times 0.7 =$

c.   $2.02 \times 4.2 =$

d.   $2.2 \times 0.42 =$

L'angle A d'un triangle fait $\frac{1}{2}$ la taille de l'angle C. L'angle B fait $\frac{3}{4}$ la taille de l'angle C. Si l'angle C mesure 80 degrés, quelles sont les mesures de l'angle A et de l'angle B ?

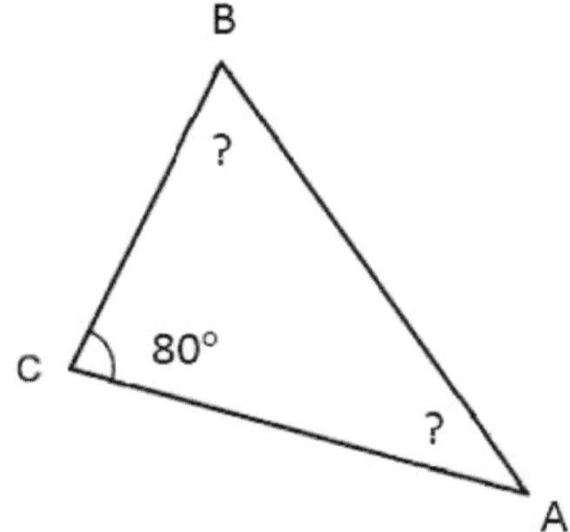


**Lire**       **Dessiner**       **Écrire**

**Leçon 19 :**    Convertir des mesures impliquant des nombres entiers et résoudre des problèmes en plusieurs étapes.

Nom _________________________________________________     Date _______________________

1. Convertis. Exprime ta réponse sous forme de nombre mixte, si possible. Le premier a été fait pour toi.

a. 2 ft = $\frac{2}{3}$ yd

2 ft = 2 × 1 ft

$= 2 \times \frac{1}{3}$ yd

$= \frac{2}{3}$ yd

b. 4 ft = _________ yd

4 ft = 4 × 1 ft

= 4 × _________ yd

= _________ yd

=

c. 7 in = _________ ft

d. 13 in = _________ ft

e. 5 oz = _________ lb

f. 18 oz = _________ lb

2. Regina achète 24 pouces de décoration pour un projet d'artisanat.

   a. Quelle fraction d'un yard achète Regina ?

   b. Si un yard entier de décoration coûte \$6, combien Regina a-t-elle payé ?

3. Chez Yo-Yo Yogurt, la balance indique que Sara a 8 onces de yogourt à la vanille dans sa tasse. Le yogourt de son père pèse 11 onces. Combien de livres de yogourt glacé ont-ils acheté en tout ? Exprime ta réponse sous forme de nombre mixte.

4. Pheng-Xu boit 1 tasse de lait chaque jour pour le déjeuner. Combien de gallons de lait boit-il en 2 semaines ?



Leçon 19 :    Convertir des mesures impliquant des nombres entiers et résoudre des problèmes en plusieurs étapes.



EUREKA MATH

Nom _________________________________________    Date _______________________

Convertis. Exprime ta réponse sous forme de nombre mixte, si possible.

a.  5 in = ____________ ft

b.  13 in = ____________ ft

c.  9 oz = ____________ lb

d.  18 oz = ____________ lb

Leçon 19 :  Convertir des mesures impliquant des nombres entiers et résoudre des problèmes en plusieurs étapes.

Une recette a besoin de $\frac{3}{4}$ lb de fromage à la crème. Un petit pot de fromage à la crème à l'épicerie pèse 12 oz. Est-ce assez de fromage à la crème pour la recette ?

**Lire**      **Dessiner**      **Écrire**

Leçon 20 :    Convertir des mesures d'unités mixtes et résoudre des problèmes en plusieurs étapes.

Nom _______________________________________     Date _______________

1. Convertis. Montre ton travail. Exprime ta réponse comme un nombre mixte. (Dessine un diagramme en bande si cela t'aide.) Le premier a été fait pour toi.

| | |
|---|---|
| a. $2\frac{2}{3}$ yd = __8__ ft<br><br>$2\frac{2}{3}$ yd $= 2\frac{2}{3} \times 1$ yd<br><br>$= 2\frac{2}{3} \times 3$ ft<br><br>$= \frac{8}{3} \times 3$ ft<br><br>$= \frac{24}{3}$ ft<br><br>$= 8$ ft | b. $1\frac{1}{2}$ qt = ____________ gal<br><br>$1\frac{1}{2}$ qt $= 1\frac{1}{2} \times 1$ qt<br><br>$= 1\frac{1}{2} \times \frac{1}{4}$ gal<br><br>$= \frac{3}{2} \times \frac{1}{4}$ gal<br><br>$=$ |
| c. $4\frac{2}{3}$ ft = ____________ in | d. $9\frac{1}{2}$ pt = ____________ qt |
| e. $3\frac{3}{5}$ hr = ____________ min | f. $3\frac{2}{3}$ ft = ____________ yd |

2. Trois camions à benne transportent de la terre battue vers un chantier de construction. Le camion A transporte 3,545 lb, le camion B, 1,758 lb et le camion C, 3,697 lb. Combien de tonnes de terre battue les 3 camions transportent-ils en tout ?

3. Melissa achète $3\frac{3}{4}$ gallons de thé glacé. Denita achète 7 quarts de plus que Melissa. Combien de thé achètent-elles en tout ? Exprime ta réponse en quarts.

4. Marvin achète un tuyau de $27\frac{3}{4}$ pieds de long. Il possède déjà chez lui un tuyau qui est $\frac{2}{3}$ la longueur du nouveau tuyau. Combien de yards au total de tuyau a maintenant Marvin ?



Leçon 20 :   Convertir des mesures d'unités mixtes et résoudre des problèmes en plusieurs étapes.



EUREKA MATH

Nom _________________________________________  Date _____________________

Convertis. Exprime ta réponse sous forme de nombre mixte.

a.  $2\frac{1}{6}$ ft = ______________ in

b.  $3\frac{3}{4}$ ft = ______________ yd

c.  $2\frac{1}{2}$ c = ______________ pt

d.  $3\frac{2}{3}$ ans = ______________ mois

Carol avait $\frac{3}{4}$ de yard de ruban. Elle voulait l'utiliser pour décorer deux cadres. Si elle utilise la moitié du ruban sur chaque cadre, combien de pieds (ft) de ruban utilisera-t-elle pour un cadre ? Utilise un diagramme en bande pour montrer ton raisonnement.

**Lire**      **Dessiner**      **Écrire**



EUREKA MATH

Nom _______________________________________     Date _______________________

1.  Remplis les blancs. Le premier a été fait pour toi.

a.  $\frac{1}{4} \times 1 = \frac{1}{4} \times \frac{3}{3} = \frac{3}{12}$

b.  $\frac{3}{4} \times 1 = \frac{3}{4} \times \underline{\ \ } = \frac{21}{28}$

c.  $\frac{7}{4} \times 1 = \frac{7}{4} \times \underline{\ \ } = \frac{35}{20}$

d.  Utilise des mots pour comparer la taille du produit à la taille du premier facteur.

2.  Exprime chaque fraction sous la forme d'un nombre décimal équivalent.

a.  $\frac{1}{4} \times \frac{25}{25} =$

b.  $\frac{3}{4} \times \frac{25}{25} =$

c.  $\frac{1}{5} \times \underline{\ \ } =$

d.  $\frac{4}{5} \times \underline{\ \ } =$

e.  $\frac{1}{20}$

f.  $\frac{27}{20}$

g.  $\frac{7}{4}$

h.  $\frac{8}{5}$

i.  $\frac{24}{25}$

j.  $\frac{93}{50}$

k.  $2\frac{6}{25}$

l.  $3\frac{31}{50}$

---

**EUREKA MATH**

Leçon 21 :   Expliquer la taille du produit, et rattacher l'équivalence de fraction et décimale
à la multiplication d'une fraction par 1.

249

3. Jack a dit que si tu prends un nombre et le multiplie par une fraction, le produit sera toujours plus petit que celui avec lequel tu as commencé. A-t-il raison ? Pourquoi ou pourquoi pas ? Explique ta réponse et donne au moins deux exemples pour étayer ton raisonnement.

4. Il existe un nombre infini de façons de représenter 1 sur la ligne numérique. Dans l'espace ci-dessous, écris au moins quatre expressions en multipliant par 1. Représente *un* différemment dans chaque expression.

5. Maria a multiplié par 1 pour renommer $\frac{1}{4}$ en centièmes. Elle a fait des paires de facteurs égales à 10. Utilise sa méthode pour changer un huitième en une décimale équivalente.

$$\text{Méthode de Maria :} \quad \frac{1}{4} = \frac{1}{2 \times 2} \times \frac{5 \times 5}{5 \times 5} = \frac{5 \times 5}{(2 \times 5) \times (2 \times 5)} = \frac{25}{100} = 0.25$$

$$\frac{1}{8} =$$

Paulo a également renommé $\frac{1}{8}$ en nombre décimal. Il connaît le nombre décimal égal à $\frac{1}{4}$ et il sait que $\frac{1}{8}$ est égal à la moitié de autant que $\frac{1}{4}$. Peux-tu utiliser ses idées pour montrer une autre façon de trouver le nombre décimal égal à $\frac{1}{8}$ ?





EUREKA MATH

Nom _______________________________________     Date _____________________

1. Remplis les blancs pour rendre l'équation vraie.

$$\frac{9}{4} \times 1 = \frac{9}{4} \times \underline{\phantom{--}} = \frac{45}{20}$$

2. Exprime les fractions sous forme de décimales équivalentes.

a. $\frac{1}{4} =$

b. $\frac{2}{5} =$

c. $\frac{3}{25} =$

d. $\frac{5}{20} =$

251

Pour tester ses compétences en mathématiques, le père d'Isabella lui a dit qu'il lui donnerait $\frac{6}{8}$ d'un dollar si elle pouvait lui dire de combien d'argent il s'agissait, ainsi que le montant sous forme décimale. Que devrait dire Isabella à son père ? Montre tes calculs.

_______________________________________________

_______________________________________________

_______________________________________________

_______________________________________________

**Lire**　　　　**Dessiner**　　　　**Écrire**

Leçon 22 :　　Comparer la taille du produit à la taille des facteurs.　　　　253

Nom _________________________________________     Date _____________________

1.  Résous pour trouver l'inconnue. Réécris chaque phrase comme une phrase de multiplication. Entoure le facteur d'échelle et place une case autour du nombre de mètres.

    a.  $\frac{1}{2}$ autant long que 8 mètres = _______ mètre(s)     b.  8 fois aussi long que $\frac{1}{2}$ mètre = _______ mètre(s)

2.  Dessine un diagramme en bande pour modéliser chaque situation du Problème 1 et décris ce qui est arrivé au nombre de mètres lorsqu'il a été multiplié par le facteur d'échelle.

    a.

    b.

3.  Remplis l'espace vide avec un numérateur ou un dénominateur pour que la phrase numérique soit vraie.

    a.  $7 \times \frac{\phantom{4}}{4} < 7$          b.  $\frac{7}{\phantom{-}} \times 15 > 15$          c.  $3 \times \frac{\phantom{5}}{5} = 3$

4.  Regarde les inégalités dans chaque case. Choisis une seule fraction à écrire dans les trois espaces vides qui rendraient les trois phrases numériques vraies. Explique comment tu le sais.

    a. | $\frac{3}{4} \times$ ___ $> \frac{3}{4}$ | $2 \times$ ___ $> 2$ | $\frac{7}{5} \times$ ___ $> \frac{7}{5}$ |

    b. | $\frac{3}{4} \times$ ___ $< \frac{3}{4}$ | $2 \times$ ___ $< 2$ | $\frac{7}{5} \times$ ___ $< \frac{7}{5}$ |

5. Johnny dit que les multiplications augmentent toujours les nombres. Explique à Johnny pourquoi ce n'est pas vrai. Donne plus d'un exemple pour l'aider à comprendre.

6. Une entreprise utilise un croquis pour planifier une publicité sur le côté d'un bâtiment. Le lettrage sur le croquis mesure $\frac{3}{4}$ pouce de hauteur. Dans la publicité proprement dite, les lettres doivent être 34 fois plus hautes. Quelle sera la hauteur des lettres sur le bâtiment ?

7. Jason dessine le plan de sa chambre. Il dessine tout avec des dimensions qui sont $\frac{1}{12}$ de la taille réelle. Son lit mesure 6 ft par 3 ft et la chambre mesure 14 ft par 16 ft. Quelles sont les dimensions de son lit et de sa chambre dans son plan ?



Leçon 22 :    Comparer la taille du produit à la taille des facteurs.



EUREKA MATH

Nom _______________________________     Date _______________

Remplis le blanc pour rendre la phrase numérique correcte. Explique comment tu le sais.

a. $\dfrac{\phantom{-}}{3} \times 11 > 11$

b. $5 \times \dfrac{\phantom{-}}{8} < 5$

c. $6 \times \dfrac{2}{\phantom{-}} = 6$



**EUREKA MATH**

**Leçon 22 :**   Comparer la taille du produit à la taille des facteurs.

**257**

Jasmine a mis $\frac{2}{3}$ autant de temps pour passer un test de mathématiques que Paula. Si Paula a mis 2 heures à passer le test, combien de temps a-t-il fallu à Jasmine pour passer le test ? Exprime ta réponse en minutes.

**Lire**      **Dessiner**      **Écrire**

Leçon 23 :     Comparer la taille du produit à la taille des facteurs.

Nom _______________________________________________    Date _______________________

1. Remplis l'espace vide en utilisant l'un des facteurs d'échelle suivants pour que chaque phrase numérique soit vraie.

| 1.021 | 0.989 | 1.00 |
|---|---|---|

a.  $3.4 \times$ _______ $= 3.4$      b.  _______ $\times 0.21 > 0.21$      c.  $8.04 \times$ _______ $< 8.04$

2.

a.  Trie les expressions suivantes en les réécrivant dans le tableau.

| Le produit est inférieur au nombre encadré : | Le produit est supérieur au nombre encadré : |
|---|---|
| | |

$\boxed{13.89} \times 1.004$       $\boxed{602} \times 0.489$       $\boxed{102.03} \times 4.015$

$\boxed{0.3} \times 0.069$       $\boxed{0.72} \times 1.24$       $\boxed{0.2} \times 0.1$

b.  Explique ton tri en écrivant une phrase qui montre ce que les expressions de chaque colonne du tableau ont en commun.

3. Écris un énoncé en utilisant l'une des phrases suivantes pour comparer la valeur des expressions. Puis, explique comment tu le sais.

*est un peu plus que*     *est beaucoup plus que*     *est un peu moins que*     *est beaucoup moins que*

a.  $4 \times 0.988$ _________________________ 4

b.  $1.05 \times 0.8$ _________________________ 0.8

c.  $1{,}725 \times 0.013$ _________________________ 1,725

d.  $989.001 \times 1.003$ _________________________ 1.003

e.  $0.002 \times 0.911$ _________________________ 0.002



Leçon 23 :     Comparer la taille du produit à la taille des facteurs.



EUREKA MATH

4. Pendant les cours de sciences, Teo, Carson et Dhakir mesurent la longueur de leurs germes de soja. La pousse de Carson mesure 0.9 fois la longueur de celle de Teo et celle de Dhakir est de 1.08 fois la longueur de celle de Teo. Quelle est la pousse de haricot la plus longue ? La plus courte ? Explique ton raisonnement.

5. Complète les énoncés suivants ; puis utilise des décimales pour donner un exemple de chacun.

   - $a \times b > a$ sera toujours vrai quand $b$ is…

   - $a \times b < a$ sera toujours vrai quand $b$ is…



EUREKA MATH

Nom _________________________________________      Date _____________________

1. Remplis l'espace vide en utilisant l'un des facteurs d'échelle suivants pour que chaque phrase numérique soit vraie.

| 1.009 | 1.00 | 0.898 |
|---|---|---|

   a.   3.06 × _______ < 3.06        b.   5.2 × _______ = 5.2        c.   _______ × 0.89 > 0.89

2. Le produit de 22.65 × 0.999 sera-t-il plus ou moins que 22.65 ? Sans le calculer, explique comment tu le sais.

Nom _______________________________________________     Date ___________________

1. Une fiole contient 20 ml de médicament. Si chaque dose est $\frac{1}{8}$ de la fiole, combien de ml représente chaque dose ? Exprime ta réponse sous forme décimale.

2. Un récipient contient 0.7 litre d'huile et de vinaigre. $\frac{3}{4}$ du mélange est du vinaigre. Combien de litres de vinaigre y a-t-il dans le récipient ? Exprime ta réponse sous forme décimale et sous forme de fraction.

3. Andres a bouclé une course de 5 km en 13.5 minutes. Le temps de sa sœur était $1\frac{1}{2}$ fois plus long que son temps. Combien de temps, en minutes, a-t-il fallu à sa sœur pour terminer la course ?

4. Une usine de vêtements utilise 1,275.2 mètres de tissu par semaine pour fabriquer des chemises. Combien de tissu faut-il pour fabriquer $3\frac{3}{5}$ fois plus de chemises ?



Leçon 24 :    Résoudre les problèmes en utilisant la multiplication par fraction et décimale.

EUREKA MATH

5. Il y a $\frac{3}{4}$ autant de garçons que de filles dans une classe de cinquième année. S'il y a 35 élèves dans la classe, combien d'entre eux sont des filles ?

6. Ciro a acheté un billet de concert pour $56. Le prix du billet fut $\frac{4}{5}$ le prix de son dîner. Le coût de son hôtel était $2\frac{1}{2}$ fois plus cher que son billet. Combien Ciro a-t-il dépensé au total pour le billet de concert, l'hôtel et le dîner ?

Leçon 24 :　　Résoudre les problèmes en utilisant la multiplication par fraction et décimale.　　**269**

Nom _______________________________  Date ___________________

1. Un artiste réalise une sculpture en métal et en bois qui pèse 14.9 kilogrammes. $\frac{3}{4}$ de ce poids est en métal et le reste en bois. Combien pèse la partie en bois de la sculpture ?

2. Lors d'une excursion en bateau, il y a deux fois moins d'enfants que d'adultes. Il y a 30 personnes par excursion. Combien d'enfants sont là ?

Leçon 24 :    Résoudre les problèmes en utilisant la multiplication par fraction et décimale.    **271**

L'étiquette sur un flacon de 0.118 l de sirop contre la toux recommande une dose de 10 ml pour les enfants âgés de 6 à 10 ans. Combien de doses de 10 ml contient le flacon ?

**Lire          Dessiner          Écrire**

Nom _________________________________________     Date _____________________

1. Trace un diagramme en bande ou une ligne numérique pour résoudre. Tu peux tracer le modèle qui a le plus de sens pour toi Remplis les blancs qui suivent. Utilise l'exemple pour t'aider.

Exemple : $2 \div \frac{1}{3} =$ __6__

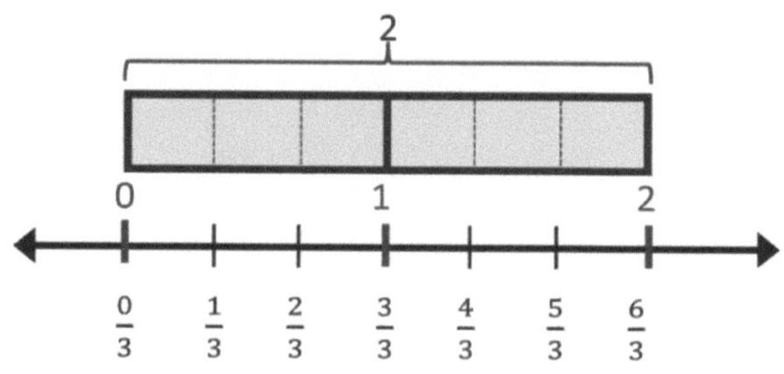

Il y a __3__ tiers dans 1 nombre entier.

Il y a __6__ tiers dans 2 nombres entiers.

If 2 is $\frac{1}{3}$, quel est le nombre entier ? __6__

a. $4 \div \frac{1}{2} =$ __________

Il y a _____ moitiés dans 1 nombre entier.

Il y a _____ moitiés dans 4 nombres entiers.

Si 4 est $\frac{1}{2}$, quel est le nombre entier ? __________

b. $2 \div \frac{1}{4} =$ __________

Il y a ________ quarts dans 1 nombre entier.

Il y a ________ quarts dans 2 nombres entiers.

Si 2 est $\frac{1}{4}$, quel est le nombre entier ? __________

c.    $5 \div \frac{1}{3} =$ __________      Il y a _______ tiers dans         Si 5 est $\frac{1}{3}$, quel est le nombre
                                    1 nombre entier.                   entier ? _________

                                    Il y a _______ tiers dans
                                    5 nombres entiers.


d.    $3 \div \frac{1}{3} =$ _________      Il y a _______ cinquièmes dans    Si 3 est $\frac{1}{5}$, quel est le nombre
                                    1 nombre entier.                   entier ? _______

                                    Il y a _______ cinquièmes dans
                                    3 nombres entiers.


2.    Divise. Puis, multiplie pour vérifier.

| a.  $5 \div \frac{1}{2}$ | b.  $3 \div \frac{1}{2}$ | c.  $4 \div \frac{1}{5}$ | d.  $1 \div \frac{1}{6}$ |
|---|---|---|---|
| e.  $2 \div \frac{1}{8}$ | f.  $7 \div \frac{1}{6}$ | g.  $8 \div \frac{1}{3}$ | h.  $9 \div \frac{1}{4}$ |

    Leçon 25 :     Diviser un nombre entier par une fraction unitaire.    EUREKA MATH

3.` Pour un projet artistique, Mme Williams divise le papier de bricolage en quatre. Combien de quarts peut-elle fabriquer avec 5 morceaux de papier de bricolage ?

4. Utilise le tableau ci-dessous pour répondre aux questions suivantes.

**Donnie's Diner Menu du Midi**

| Nourriture | Taille d'une portion |
|---|---|
| Hamburger | $\frac{1}{3}$ lb |
| Cornichons | $\frac{1}{4}$ cornichon |
| Chips de pommes de terre | $\frac{1}{8}$ poche |
| Lait au chocolat | $\frac{1}{2}$ tasse |

a. Combien de hamburgers Donnie peut-il préparer avec 6 livres de viande de hamburger?

b. Combien de portions de cornichons peuvent être préparées à partir d'un pot de 15 cornichons ?

Leçon 25 :     Diviser un nombre entier par une fraction unitaire.     **277**

c.  Combien de portions de lait au chocolat peut-on servir à partir d'un gallon de lait ?

5.  Trois gallons d'eau remplissent $\frac{1}{4}$ du seau de l'éléphant du zoo. Combien d'eau le seau peut-il contenir ?



**Leçon 25 :**     Diviser un nombre entier par une fraction unitaire.



EUREKA
MATH

Nom ___________________________________________          Date _________________________

1.  Trace un diagramme en bande ou une ligne numérique pour résoudre. Remplis les blancs qui suivent.

a.   $5 \div \frac{1}{2} =$ ___________

Il y a _____ moitiés dans 1 nombre entier.

Il y a _____ moitiés dans 5 nombres entiers.

Si 5 est $\frac{1}{2}$ de ce nombre ? _______

b.   $4 \div \frac{1}{4} =$ ___________

Il y a ________ quarts dans 1 nombre entier.

Il y a ________ quarts dans des nombres entiers.

4 est $\frac{1}{4}$ de quel nombre ? _______

2.  Mme Leverenz réalise un projet artistique avec sa classe. Elle a un morceau de ruban de 3 pieds. Si elle donne à chaque élève un huitième de pied de ruban, en aura-t-elle assez pour sa classe de 22 élèves ?

---

    **Leçon 25 :**    Diviser un nombre entier par une fraction unitaire.    **279**

Une course commence par $2\frac{1}{2}$ miles à travers la ville, se poursuit dans le parc pendant $2\frac{1}{3}$ miles et se termine au circuit après le dernier $\frac{1}{6}$ mile. Un volontaire est stationné tous les quarts de mile et à la ligne d'arrivée pour distribuer des tasses d'eau et encourager les coureurs. Combien de volontaires faut-il ?

**Lire**      **Dessiner**      **Écrire**

Leçon 26 :     Diviser une fraction unitaire par un nombre entier.     **281**

Nom _______________________________________     Date _______________

1. Dessine un modèle ou un diagramme en bande pour résoudre. Utilise les bulles pour montrer ton raisonnement. Écris ton quotient dans l'espace vide. Utilise l'exemple pour t'aider.

Exemple :    $\dfrac{1}{2} \div 3$

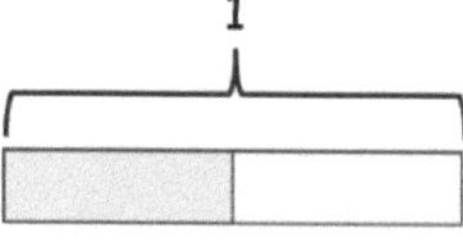

$$\dfrac{1}{2} \div 3 = \dfrac{1}{6}$$

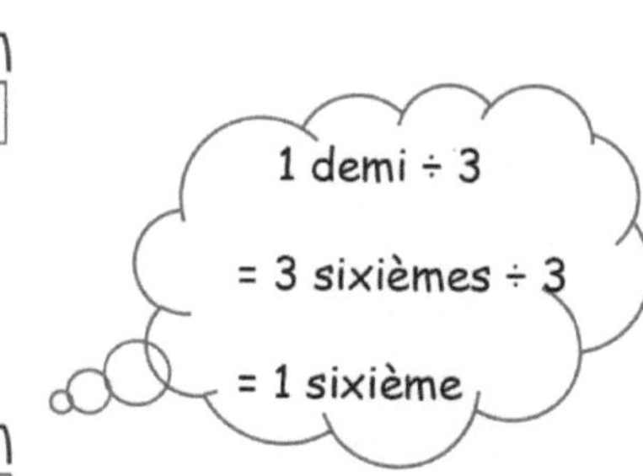


a.   $\dfrac{1}{3} \div 2 =$ _________

b.   $\dfrac{1}{3} \div 4 =$ _________



EUREKA MATH

c. $\frac{1}{4} \div 2 = $ ___________

d. $\frac{1}{4} \div 3 = $ ___________

2. Divise. Puis, multiplie pour vérifier.

| a. $\frac{1}{2} \div 7$ | b. $\frac{1}{3} \div 6$ | c. $\frac{1}{4} \div 5$ | d. $\frac{1}{5} \div 4$ |
|---|---|---|---|
| e. $\frac{1}{5} \div 2$ | f. $\frac{1}{6} \div 3$ | g. $\frac{1}{8} \div 2$ | h. $\frac{1}{10} \div 10$ |



Leçon 26 :    Diviser une fraction unitaire par un nombre entier.

EUREKA
MATH

3. Tasha mange la moitié de sa collation et donne l'autre moitié à ses deux meilleurs amis pour qu'ils partagent également. Quelle portion de la collation complète chaque ami reçoit-il ? Fais un dessin pour appuyer ta réponse.

4. Mme Appler a utilisé $\frac{1}{2}$ gallon d'huile d'olive pour préparer 8 lots identiques de vinaigrette.

   a. Combien de gallons d'huile d'olive a-t-elle utilisé dans chaque lot de vinaigrette ?

   b. Combien de tasses d'huile d'olive a-t-elle utilisées dans chaque lot de vinaigrette ?

**Leçon 26 :**    Diviser une fraction unitaire par un nombre entier.     **285**

5. Mariano livre les journaux. Il dépose toujours $\frac{3}{4}$ de ses revenus hebdomadaires sur son compte d'épargne, puis divise le reste également en 3 tirelires pour les dépenses au snack, aux salles d'arcade et pour le métro.

   a. Quelle fraction de ses revenus Mariano met-il dans chaque tirelire ?

   b. Si Mariano ajoute \$2.40 à chaque tirelire chaque semaine, combien Mariano gagne-t-il par semaine en livrant des journaux ?

   **Leçon 26 :**   Diviser une fraction unitaire par un nombre entier.

Nom _______________________________________     Date _____________________

1. Résous. Appuie au moins une de tes réponses avec un modèle ou un diagramme en bande.

   a.   $\frac{1}{2} \div 4 =$ _______

   b.   $\frac{1}{8} \div 5 =$ _______

2. Larry passe la moitié de sa journée de travail à enseigner le piano. S'il voit 6 élèves, chacun pour le même temps, quelle fraction de sa journée de travail est passée avec chaque élève ?

---

**EUREKA MATH**

Leçon 26 :     Diviser une fraction unitaire par un nombre entier.

287

Nom _________________________________    Date _________________

1. Mme Silverstein a acheté 3 mini gâteaux pour une fête d'anniversaire. Elle coupe chaque gâteau en quartiers et prévoit de servir à chaque invité 1 quart de gâteau. Combien d'invités peut-elle servir avec tous ses gâteaux ? Fais un dessin pour appuyer ta réponse.

2. M. Pham a encore $\frac{1}{4}$ de plat de lasagnes dans le réfrigérateur. Il veut couper les lasagnes en parts égales afin de pouvoir les manger pendant 3 dîners. Quelle portion de lasagnes va-t-il manger chaque soir ? Fais un dessin pour appuyer ta réponse.

Leçon 27 :    Résoudre des problèmes impliquant la division de fraction.

3. Le périmètre d'un carré est $\frac{1}{5}$ d'un mètre.

    a. Trouve la longueur de chaque côté en mètres. Fais un dessin pour appuyer ta réponse.

    b. Quelle est la longueur de chaque côté en centimètres ?

4. Une palette contenant 5 caisses identiques pèse $\frac{1}{4}$ d'une tonne.

    a. Combien de tonnes pèse chaque caisse ? Fais un dessin pour appuyer ta réponse.



**Leçon 27 :**    Résoudre des problèmes impliquant la division de fraction.



**EUREKA MATH**

b. Combien de livres pèse chaque caisse ?

5. Faye a 5 morceaux de ruban de 1 yard chacun. Elle coupe chaque ruban en sixièmes.

   a. Combien de sixièmes aura-t-elle après avoir coupé tous les rubans ?

   b. Quelle longueur chacun des sixièmes fera-t-il en pouces ?

Leçon 27 :     Résoudre des problèmes impliquant la division de fraction.

6.  Un pichet en verre est rempli d'eau. $\frac{1}{8}$ de l'eau est versée également dans 2 verres.

    a.  Quelle est la fraction de l'eau dans chaque verre ?

    b.  Si chaque verre contient 3 onces liquides d'eau, combien d'onces liquides d'eau y avait-il dans le pichet plein ?

    c.  Si $\frac{1}{4}$ de l'eau restante est versée hors du pichet pour arroser une plante, combien de tasses d'eau reste-t-il dans le pichet ?

       **Leçon 27 :**       Résoudre des problèmes impliquant la division de fraction.

Nom _________________________________  Date _______________

1. Kevin divise 3 morceaux de papier en quatre. Combien de quarts a-t-il ? Fais un dessin pour appuyer ta réponse.

2. Il reste à Sybil $\frac{1}{2}$ de pizza. Elle veut partager la pizza avec 3 de ses amis. Quelle fraction de la pizza originale Sybil et ses 3 amis recevront-ils chacun ? Fais un dessin pour appuyer ta réponse.

Nom _______________________________________    Date _______________

1. Crée et résous un problème d'histoire de division d'environ 5 mètres de corde qui est modélisé par le diagramme en bande ci-dessous.

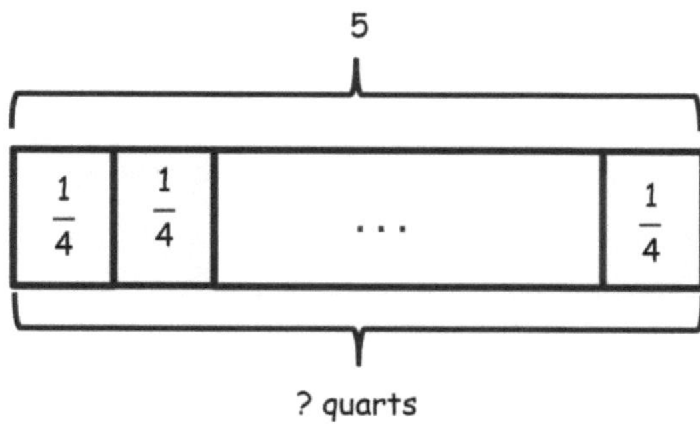


2. Crée et résous un problème d'histoire concernant $\frac{1}{4}$ de livre d'amandes qui est modélisé par le diagramme en bande ci-dessous..

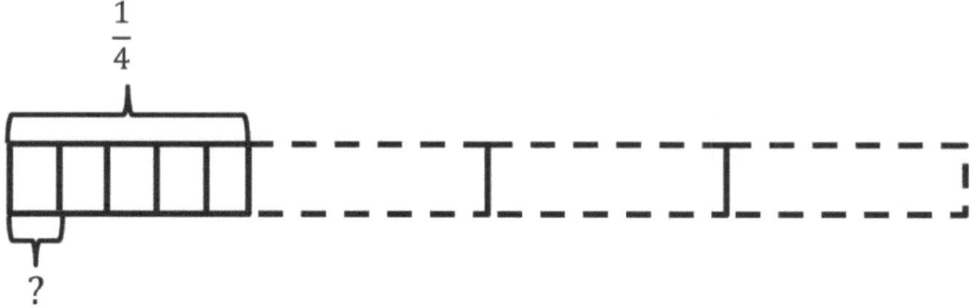

Leçon 28 :    Écrire des équations et des problèmes correspondant à des    **295**
              diagrammes en bande et à des lignes numériques.

3. Dessine un diagramme en bande et crée un problème pour les expressions suivantes, puis résous-le.

a. $2 \div \frac{1}{3}$

b. $\frac{1}{3} \div 4$

c. $\frac{1}{4} \div 3$

d. $3 \div \frac{1}{5}$



Leçon 28 : Écrire des équations et des problèmes correspondant à des diagrammes en bande et à des lignes numériques.



EUREKA MATH

Nom _________________________________ Date _________________

Crée un problème pour les expressions suivantes, puis résous-le.

a. $4 \div \frac{1}{2}$

b. $\frac{1}{2} \div 4$

Fernando a acheté une veste pour \$185 et l'a vendue $1\frac{1}{2}$ fois ce qu'il l'a payée. Marisol a dépensé $\frac{1}{5}$ autant que Fernando sur la même veste, mais l'a vendu pour $\frac{1}{2}$ autant que Fernando l'avait fait. Combien d'argent Marisol a-t-elle gagné? a-t-elle gagné ? Explique ton raisonnement en utilisant un diagramme.

**Lire**      **Dessiner**      **Écrire**

Nom _________________________________________________   Date ___________________

1. Divise. Réécris chaque expression sous la forme d'une phrase de division avec un diviseur de fraction et remplis les espaces vides. Le premier a été fait pour toi.

Exemple :   $2 \div 0.1 = 2 \div \frac{1}{10} = 20$

Il y a __10__ dixièmes dans 1 nombre entier.

Il y a __20__ dixièmes dans 2 nombres entiers.

a. $5 \div 0.1$

Il y a ________ dixièmes dans 1 nombre entier.

Il y a ________ dixièmes dans
5 nombres entiers.

b. $8 \div 0.1$

Il y a ________ dixièmes dans
1 nombre entier.

Il y a ________ dixièmes dans
8 nombres entiers.

c. $5.2 \div 0.1$

Il y a ________ dixièmes dans 5 nombres entiers.

Il y a ________ dixièmes dans 2 dixièmes.

Il y a ________ dixièmes dans 5.2.

d. $8.7 \div 0.1$

Il y a ________ dixièmes dans
8 nombres entiers.

Il y a ________ dixièmes dans 7 dixièmes.

Il y a ________ dixièmes dans 8.7.

e. $5 \div 0.01$

l y a ________ centièmes dans 1 nombre entier.

Il y a ________ centièmes dans
5 nombres entiers.

f. $8 \div 0.01$

l y a ________ centièmes dans
1 nombre entier.

Il y a ________ centièmes dans
8 nombres entiers.

g. $5.2 \div 0.01$

Il y a ________ centièmes dans
5 nombres entiers.

Il y a ________ centièmes dans 2 dixièmes.

Il y a ________ centièmes dans 5.2.

h. $8.7 \div 0.01$

Il y a ________ centièmes dans
8 nombres entiers.

Il y a ________ centièmes dans 7 dixièmes.

Il y a ________ centièmes dans 8.7.

Leçon 29 :   Relier la division par une unité fractionnaire à la division par 1 dixième et 1 centième.

301

2. Divise.

| a.   $6 \div 0.1$ | b.   $18 \div 0.1$ | c.   $6 \div 0.01$ |
|---|---|---|
| d.   $1.7 \div 0.1$ | e.   $31 \div 0.01$ | f.   $11 \div 0.01$ |
| g.   $125 \div 0.1$ | h.   $3.74 \div 0.01$ | i.   $12.5 \div 0.01$ |

3. Yung a acheté pour \$4.60 de chewing-gum. Chaque morceau de chewing-gum coûte \$0.10. Combien de morceaux de chewing-gum Yung a-t-il achetés ?

4. Cheryl a résolu un problème : $84 \div 0.01 = 8\,400$.

   Jane lui a dit : « Ta réponse est fausse, car lorsque tu divises, le quotient est toujours inférieur au montant total avec lequel tu commences, par exemple, $6 \div 2 = 3$ et $100 \div 4 = 25$. » Qui a raison ? Explique ton raisonnement.

5. La trésorerie américaine vend 2 onces de pièces d'or American Eagle à un collectionneur. Chaque pièce pèse un dixième d'once. Combien de pièces d'or ont été vendues au collectionneur ?



Leçon 29 :   Relier la division par une unité fractionnaire à la division par 1 dixième et 1 centième.



EUREKA MATH

Nom _________________________________  Date _____________________

1.  8.3 est égal à

   _______ dixièmes

   _______ centièmes

2.  28 est égal à

   _______ centièmes

   _______ dixièmes

3.  $15.09 \div 0.01 =$ _______

4.  $267.4 \div \dfrac{1}{10} =$ _______

5.  $632.98 \div \dfrac{1}{100} =$ _______

Leçon 29 :  Relier la division par une unité fractionnaire à la division par 1 dixième et 1 centième.

Alexa affirme que $16 \div 4$, $\dfrac{32}{8}$ et 8 moitiés sont deux expressions équivalentes. Alexa a-t-elle raison ? Explique comment tu le sais.

**Lire**  **Dessiner**  **Écrire**

Nom _________________________________      Date _______________

1. Réécris l'expression de division sous forme de fraction et divise. Les deux premières ont été faites pour toi.

| | |
|---|---|
| a. $2.7 \div 0.3 = \dfrac{2.7}{0.3}$ <br><br> $= \dfrac{2.7 \times 10}{0.3 \times 10}$ <br><br> $= \dfrac{27}{3}$ <br><br> $= 9$ | b. $2.7 \div 0.03 = \dfrac{2.7}{0.03}$ <br><br> $= \dfrac{2.7 \times 100}{0.03 \times 100}$ <br><br> $= \dfrac{270}{3}$ <br><br> $=$ |
| c. $3.5 \div 0.5$ | d. $3.5 \div 0.05$ |
| e. $4.2 \div 0.7$ | f. $0.42 \div 0.07$ |

| | |
|---|---|
| g.   $10.8 \div 0.9$ | h.   $1.08 \div 0.09$ |
| i.   $3.6 \div 1.2$ | j.   $0.36 \div 0.12$ |
| k.   $17.5 \div 2.5$ | l.   $1.75 \div 0.25$ |

2.   $15 \div 3 = 5$. Explique pourquoi il est vrai que $1.5 \div 0.3$ et $0.15 \div 0.03$ ont le même quotient.

   **Leçon 30 :**     Diviser des dividendes décimales par des diviseurs décimaux non unitaires.



EUREKA
MATH

3.  M. Volok achète 2.4 kg de sucre pour sa boulangerie.

    a.  S'il verse 0.2 kg de sucre dans des sacs séparés, combien de sacs de sucre peut-il faire ?

    b.  S'il verse 0.4 kg de sucre dans des sacs séparés, combien de sacs de sucre peut-il faire ?

4.  Deux fils, l'un de 17.4 mètres de long et l'autre de 7.5 mètres de long, ont été coupés en morceaux de 0.3 mètre de long. Combien de ces morceaux peuvent être faits à partir de ces deux fils ?

5.  M. Smith a 15.6 livres d'oranges à emballer pour l'expédition. Il peut expédier 2.4 livres d'oranges dans une grande boîte et 1.2 livre dans une petite boîte. S'il expédie 5 grandes boîtes, quel est le nombre minimum de petites boîtes requis pour expédier le reste des oranges ?

Leçon 30 :     Diviser des dividendes décimales par des diviseurs décimaux non unitaires.

Nom _______________________________     Date _______________

Réécris l'expression de division sous forme de fraction et divise.

| | |
|---|---|
| a.   $3.2 \div 0.8$ | b.   $3.2 \div 0.08$ |
| c.   $7.2 \div 0.9$ | d.   $0.72 \div 0.09$ |

Leçon 30 :   Diviser des dividendes décimales par des diviseurs décimaux non unitaires.

311

Un café prépare dix smoothies aux fruits de 8 onces. Chaque smoothie est fait avec 4 onces de lait de soja et 1.3 onces d'arôme de banane. Le reste est du jus de myrtille. Quelle quantité de chaque ingrédient sera nécessaire pour préparer les smoothies ?

**Lire**      **Dessiner**      **Écrire**

Nom _________________________________________      Date ___________________

1. Estime et puis divise. Un exemple a déjà été fait pour toi.

$78.4 \div 0.7 \approx 770 \div 7 = 110$

$= \dfrac{78.4}{0.7}$

$= \dfrac{78.4 \times 10}{0.7 \times 10}$

$= \dfrac{784}{7}$

$= 112$

$$
\begin{array}{r}
1\ 1\ 2 \\
7\,\overline{)\ 7\ 8\ 4} \\
\underline{-7\phantom{\ 8\ 4}} \\
8\phantom{\ 4} \\
\underline{-7\phantom{\ 4}} \\
1\ 4 \\
\underline{-1\ 4} \\
0
\end{array}
$$

    a.   $53.2 \div 0.4 \approx$                      b.   $1.52 \div 0.8 \approx$

2. Estime et puis divise. Le premier a été fait pour toi.

$7.32 \div 0.06 \approx 720 \div 6 = 120$

$= \dfrac{7.32}{0.06}$

$= \dfrac{7.32 \times 100}{0.06 \times 100}$

$= \dfrac{732}{6}$

$= 122$

$$
\begin{array}{r}
1\ 2\ 2 \\
6\,\overline{)\ 7\ 3\ 2} \\
\underline{-6\phantom{\ 3\ 2}} \\
1\ 3\phantom{\ 2} \\
\underline{-1\ 2\phantom{\ 2}} \\
1\ 2 \\
\underline{-1\ 2} \\
0
\end{array}
$$

    a.   $9.42 \div 0.03 \approx$                  b.   $39.36 \div 0.96 \approx$

3. Résoudre en utilisant l'algorithme standard. Utilise la bulle pour montrer ton raisonnement lorsque tu renommes le diviseur en nombre entier.

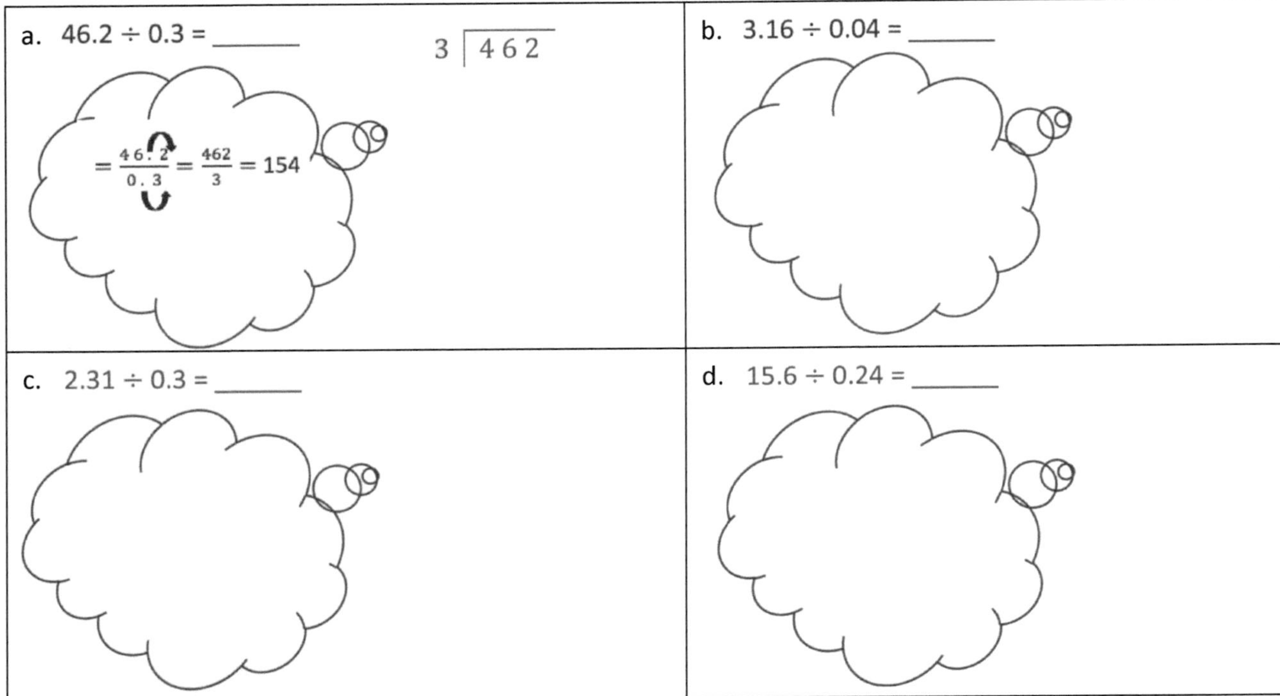



4. La distance total d'une course est 18.9 km.

   a. Si les volontaires installent une station d'eau tous les 0.7 km, dont une à l'arrivée, combien de stations auront-ils ?

   b. Si les volontaires installent une station de soins d'urgence tous les 0.9 km, dont une à l'arrivée, combien de stations auront-ils ?

5. Dans un laboratoire, un technicien combine une solution saline contenue dans 27 éprouvettes. Chaque éprouvette contient 0.06 litre de solution. S'il divise la quantité totale en des éprouvettes de 0.3 litre chacune, de combien d'éprouvettes aura-t-il besoin ?


Leçon 32 :  Diviser des dividendes décimales par des diviseurs décimaux non unitaires.

**EUREKA MATH**

Nom _______________________ Date _______________

Fais d'abord une estimation, puis résous en utilisant l'algorithme standard. Montre comment tu renommes le diviseur sous la forme d'un nombre entier.

1.  $6.39 \div 0.09$

2.  $82.14 \div 0.6$

Quatre chaussettes pour bébé peuvent être fabriquées à partir de $\frac{1}{3}$ de pelote de fil. Combien de chaussettes pour bébé peut-on fabriquer à partir d'une pelote entière ? Dessine un modèle pour montrer ton raisonnement.

**Lire**     **Dessiner**     **Écrire**

Nom _______________________________     Date _______________

1.  Entoure l'expression qui est équivalente à *la somme de 3 et 2 divisée par* $\frac{1}{3}$.

$$\frac{3+2}{3} \qquad\qquad 3+(2 \div \tfrac{1}{3}) \qquad\qquad (3+2) \div \tfrac{1}{3} \qquad\qquad \tfrac{1}{3} \div (3+2)$$

2.  Entoure la/les expression(s) équivalente(s) à *28 divisé par la différence entre* $\frac{4}{5}$ *et* $\frac{7}{10}$.

$$28 \div \left(\tfrac{4}{5} - \tfrac{7}{10}\right) \qquad \frac{28}{\frac{4}{5} - \frac{7}{10}} \qquad \left(\tfrac{4}{5} - \tfrac{7}{10}\right) \div 28 \qquad 28 \div \left(\tfrac{7}{10} - \tfrac{4}{5}\right)$$

3.  Remplis le graphique en écrivant une expression numérique équivalente.

| | | |
|---|---|---|
| a. | Autant que la moitié de la différence entre $2\frac{1}{4}$ et $\frac{3}{8}$. | |
| b. | La différence entre $2\frac{1}{4}$ et $\frac{3}{8}$ divisé par 4. | |
| c. | Un tiers de la somme de $\frac{7}{8}$ et 22 dixièmes. | |
| d. | Ajouter 2.2 et $\frac{7}{8}$, et puis tripler la somme. | |

4.  Compare les expressions 3(a) et 3(b). Sans les évaluer, identifie l'expression la plus élevée. Explique comment tu le sais.



Copyright © Great Minds PBC

5. Remplis le graphique en écrivant une expression équivalente sous forme de mot.

| | | |
|---|---|---|
| a. | | $\frac{3}{4} \times (1.75 + \frac{3}{5})$ |
| b. | | $\frac{7}{9} - (\frac{1}{8} \times 0.2)$ |
| c. | | $(1.75 + \frac{3}{5}) \times \frac{4}{3}$ |
| d. | | $2 \div (\frac{1}{2} \times \frac{4}{5})$ |

6. Compare les expressions dans 5(a) et 5(c). Sans les évaluer, identifie l'expression la moins élevée. Explique comment tu le sais.

7. Évalue les expressions suivantes.

a. $(9 - 5) \div \frac{1}{3}$     b. $\frac{5}{3} \times (2 \times \frac{1}{4})$     c. $\frac{1}{3} \div (1 \div \frac{1}{4})$







EUREKA MATH

d.   $\frac{1}{2} \times \frac{3}{5} \times \frac{5}{3}$

e.   La moitié autant que ( $\frac{3}{4} \times 0.2$ )

f.   3 fois plus que le quotient de 2.4 et 0.6

8.   Choisis une expression ci-dessous qui correspond au problème de l'histoire et écris-la dans l'espace vide.

$\frac{2}{3} \times (20 - 5)$        $(\frac{2}{3} \times 20) - (\frac{2}{3} \times 5)$        $\frac{2}{3} \times 20 - 5$        $(20 - \frac{2}{3}) - 5$

a.   Farmer Green a récolté 20 carottes. Il en a cuisiné $\frac{2}{3}$, puis en a donné 5 à ses lapins. Écris l'expression qui indique combien de carottes il lui restait.

Expression : _______________________________________

b.   Farmer Green a récolté 20 carottes. Il en a cuisiné 5, puis a donné $\frac{2}{3}$ des carottes restantes à ses lapins. Écris l'expression qui indique combien de carottes les lapins auront.

Expression : _______________________________________

Nom _______________________________________  Date _______________________

1. Écris une expression équivalente sous forme numérique.

   Un quatrième autant que le produit des deux tiers par 0.8

2. Écris une expression équivalente sous forme de mot.

   a.  $\frac{3}{8} \times (1 - \frac{1}{3})$

   b.  $(1 - \frac{1}{3}) \div 2$

3. Compare les expressions dans 2(a) et 2(b). Sans les évaluer, identifie l'expression la plus élevée, et explique comment tu le sais.

Nom _______________________________________     Date ___________________

1.  Mme Hayes a $\frac{1}{2}$ liter de jus. Elle le distribue également à 6 élèves de son groupe de tutorat.

    a.  Combien de litres de jus chaque élève reçoit-il ?

    b.  De combien de litres de jus de plus Mme Hayes aura-t-elle besoin si elle veut donner à chacun des 24 élèves de sa classe la même quantité de jus que celle de la Partie (a) ?

2.  Il reste à Lucia 3 heures et demie dans sa journée de travail en tant que mécanicienne. Lucia a besoin de $\frac{1}{2}$ d'une heure pour terminer une vidange d'huile.

    a.  Combien de vidanges d'huile Lucia peut-elle effectuer pendant le reste de sa journée de travail ?

    b.  Lucia peut effectuer deux inspections de voiture dans le même laps de temps qu'il lui faut pour effectuer une vidange d'huile. Combien de temps lui faut-il pour effectuer une inspection de voiture ?

    c.  Combien d'inspections peut-elle effectuer pendant le reste de sa journée de travail ?

Leçon 33 :    Créer des histoires de contextes pour des expressions numériques et des diagrammes en bande, et résoudre les problèmes.

3. Carlo achète pour \$14.40 de pamplemousse. Chaque pamplemousse coûte \$0.80.

    a. Combien de pamplemousses Carlo achète-t-il ?

    b. Dans le même magasin, Kahri dépense un tiers de plus en pamplemousse que Carlo. Combien de pamplemousses achète-t-elle ?

4. Des études montrent qu'un colibri géant typique peut battre des ailes tous les 0.08 de seconde.

    a. En volant pendant 7.2 secondes, combien de fois un colibri géant typique battra-t-il des ailes ?

    b. Un colibri à gorge rubis peut battre des ailes 4 fois plus vite qu'un colibri géant. Combien de fois un colibri à gorge rubis battra-t-il ses ailes dans le même laps de temps ?



Leçon 33 : Créer des histoires de contextes pour des expressions numériques et des diagrammes en bande, et résoudre les problèmes.

5.   Crée un contexte d'histoire pour l'expression suivante.

$$\frac{1}{3} \times (\$20 - \$3.20)$$

6.   Crée un contexte d'histoire sur la peinture d'un mur pour le diagramme en bande suivant.

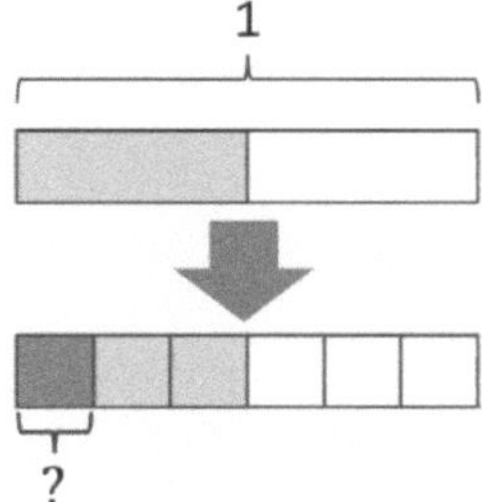

Nom _______________________________________     Date _______________________

Une pause publicitaire entière dure 3.6 minutes.

    a.  Si chaque publicité dure 0.6 minute, combien de publicités seront diffusées ?

    b.  Une autre pause publicitaire de la même durée diffuse des publicités deux fois moins longues. Combien de publicités seront diffusées pendant cette pause ?

Leçon 33 :    Créer des histoires de contextes pour des expressions numériques et des diagrammes en bande, et résoudre les problèmes.

331

# Crédits

Great Minds® a fait tout son possible pour obtenir l'autorisation de réimprimer tout le matériel protégé par des droits d'auteur. Si un propriétaire de matériel protégé par des droits d'auteur n'est pas mentionné dans le présent document, veuillez contacter Great Minds pour qu'il soit dûment mentionné dans toutes les éditions et réimpressions futures de ce module.

Printed by Libri Plureos GmbH in Hamburg,
Germany